사라진 여성 과학자들

사라진 여성 과학자들

왜 과학은 여성의 업적을 기억하지 않을까?

펜드리드 노이스 지음 | 권예리 옮김

다른

여성은 16세기 말부터 과학 발전에 참여해 왔으나 오랫동안 그 공로를 인정받지 못했습니다. 이러한 시대적 요구에 발맞춰 출간된 《사라진 여성 과학자들》은 펜드리드 노이스의 흥미진진한 서술을 통해 과학, 공학, 수학, 의학의 선구자였던 여성들의 모습을 생생하게 보여 줍니다. 후속작 《비범한 정신Remarkable Minds》과 더불어 주목할 가치가 있는 책입니다. 이 책에 소개되는 이야기 속에 반복적으로 나타나는 상황이나 내용은 과학자의 삶을 알고 싶어 하는 사람이라면 반드시 알아야 할 것이기도 합니다.

이 책은 단순히 흥미로운 일화를 나열하거나 인물의 업적만을 설명하지 않습니다. 여성 과학자들이 저마다 시대적 한계와 제약 속에서 어떻게 살았는지를 보여 줍니다. 예를 들어 18세기에 대부분의 유럽 국가에서 여성은 사회적으로 많은 제약을 받았지만, 이탈리아의 경우에는 상대적으로 여성의 활동이 자유로웠습니다. 여성에게 교육받을 기회가 충분히 주어지지 않는 상황은 20세기까지도 지속되었습니다. 어떤 경우에는 부모와 학교가 앞장서서 기회를 가로막기도 했습니다. 많은 여성 과학자의 이야기 속에는 교육 기회가 부족했던 상황이 거듭 등장합니다. 19세기 이전에 프랑스 여성은 책을 출간할 때 글쓴이를 익명으로 남겨 두거나 가명을 썼습니다. 이 책에서 여성 과학자의 결혼이나 가족 문제를 깊이 있게 다룬다는 점도 주목할 만합니다. 이는 오늘날 과학자를 꿈꾸는 젊은 학생들에게도 고민스러운 문제이기 때문입니다.

이 책에 나오는 여성 과학자들은 독학을 하거나, 무급 조수로 일하거나, 운이 좋으면 원하는 분야의 스승에게 지도를 받는 등 다양한 모습을 보였습니다. 성차별을 비롯한 온갖 사회적 제약과 방해에도 굴하지 않고, 저마다 자신만의 길을 개척해 성공했습니다.

2013년에 뉴욕 그롤리어 클럽에서 열린 〈과학과 의학에 종사한 위대한 여성 : 400년에 걸친 성취Extraordinary Women in Science and Medicine : Four Centuries of Achievement〉 전시회를 기획하고 같은 제목의 도록을 출간한 저자로서, 이 책이 널리 알려져 많은 학생과 교사에게 읽히기를 바랍니다. 우리가 기획한 전시와 책을 바탕으로 교육과 배움을 장려하는 새로운 책이 탄생해 무척 기쁩니다.

로널드 K. 스멜처
폴렛 로즈
로버트 J. 루벤

들어가며

프랑스의 산파, 오스트리아의 물리학자, 영국의 변덕스러운 귀족 부인, 미국의 해군 소장…….

이 책에 등장하는 여성 열여섯 명은 세 개 대륙의 여덟 개 나라 출신이며 모두 400년에 걸쳐 살았습니다. 그들에 대해 책을 쓰게 된 것은 그들이 다양한 배경과 흥미로운 이야기를 갖고 있고, 인류의 과학 발전에 크게 이바지했기 때문입니다. 그들 중에는 자신이 다른 여성들을 위해 새로운 길을 여는 선구자임을 인식하고 살아갔던 여성 과학자도 있고, 그렇지 않은 경우도 있습니다. 그들의 삶 속에는 오늘날 과학을 공부하려는 여학생과 남학생 모두에게 의미 있는 이야기가 담겨 있습니다.

이 책에 나오는 과학자들은 지금까지도 과학에 종사하는 여성에 대해 남아 있는 고정관념과 맞서 싸웠습니다. 예를 들어 연애나 결혼 생활을 살펴보면, 다섯 명은 결혼하지 않았고(거트루드 벨 엘리언은 안타깝게도 약혼자가 심장병으로 죽었습니다), 열한 명은 결혼했습니다. 여섯 명은 과학자나 의사와 결혼했고, 그중 네 쌍의 부부는 같은 분야의 동료로서 함께 연구했습니다. 오거스타 에이다 바이런, 소피야 코발렙스카야, 마리 스크워도프스카 퀴리는 열애설에 휘말리기도 했습니다.

그들 중에 절반 이상이 전쟁 때문에 삶의 터전에서 쫓겨나거나 망명하거나 큰 충격을 받았습니다. 루이즈 부르주아 부르지에는 전쟁으로 집과 재산을 잃고 생계를 꾸리기 위해 산파로 일했습니다. 마리아 쿠니츠는 개신교를 탄압하는 세력을 피해 거의 평생 동안 남편과 함께 여기 저기로 옮겨 다녔습니다. 플로렌스 나이팅게일은 크림전쟁을 무대로 업적을 쌓았습니다. 우젠슝은 일본의 중국 침략과 연이은 내전 때문에 조국으로 돌아가지 못했습니다. 그들에게 과학에 대한 열정은 불안하고 어수선한 시대를 버틸 수 있는 유일한 힘이었습니다.

이 책에 실린 과학자들 대부분이 교육을 중요하게 여기는 가정에서 자랐습니다. 그들 중 여섯 명은 아버지가 직접 공부를 가르치며 용기를 북돋아 주었습니다. 라우라 바시의 아버지는 딸을 남자와 동등하게 토론할 수 있는 '특출한 여성'으로 길렀습니다. 수학과 교수였던 에미 뇌터의 아버지는 대학에서 여학생을 받지 않던 시대에 딸이 동료들의 강의를 청강할 수 있도록 도와주었습니다. 에이다 바이런의 어머니는 딸이 아버지의 광기를 물려받지 않게 하려고 수학 공부를 시켰습니다.

가정에서 어느 정도 교육을 받은 이들은 주로 집 근처의 고등학교와 대학에 다녔습니다. 메리 퍼트넘 저코비, 우젠슝 등 여섯 명은 조국을 떠나 프랑스, 독일, 미국 등 외국에서 유학했습니다. 대학에 입학하는 데 아무런 문제가 없었던 시대의 여성 과학자들도 대학원과 연구소에서 성차별을 겪곤 했습니다. 우젠슝은 미시간 대학의 대학원 과정에 합격했지만, 여학생은 학생회에 참여할 수 없다는 사실을 알고 입학을 포기했습니다. 엘리언은 제2차 세계대전으로 남자들이 징집되고 산업체 연구소에서 여성을 채용하기 전까지 비서와 임시직 교사로 일했습니다. 바버러 매클린톡은 대학에서 강의하고 연구했으나 여성이라 승진할 수 없다는 이야기를 듣고 대학교수 생활을 그만두었습니다. 공부를 많이 한 여성에게 기대하는 것은 기껏해야 여학교나 여자대학에서 학생을 가르치는 일뿐이었습니다. 퍼트넘은 여학교에서 소녀들을 가르쳤고, 도러시 크로풋 호지킨은 여학생만 다니는 소머빌 칼리지에서 강의했으며, 그레이스 머리 호퍼는 해군에 입대하기 전에 여자대학에서 강의했습니다.

여성 과학자는 대개 자원해서 무급으로 일하거나 남자 동료보다 훨씬 적은 급여를 받고 일했습니다. 물론 예외도 있었습니다. 부르지에의 경우에는 산파로 일하며 많은 돈을 벌었습니다. 남자 의사들이 그를 궁정에서 쫓아내기 전까지는 말입니다. 바시는 1770년대에 볼로냐 대학교수 가운데 최고 연봉을 받았습니다. 하지만 마리 퀴리, 리제 마이트너, 뇌터는 가족이나 동료의 무급 조수로 일했습니다. 쿠니츠, 마리 뫼르드라크, 에이다 바이런 등 몇몇 인물은 연구 활동으로 돈을 벌 생각조차 하지 않았습니다. 순전히 과학을 사랑하고 과학 발전에 힘을 보태기 위해 한 일이었습니다.

어렸을 때는 가족들이 기꺼이 공부하는 환경을 마련해 주었던 인물들도 과학을 업으로 삼으려 하자 가족의 완강한 반대에 부딪혔습니다.

코발렙스카야는 딸이 많이 배우는 것을 싫어하는 아버지 때문에 집을 나갔습니다. 나이팅게일은 간호사가 되는 것을 반대하는 가족의 간섭을 30대가 되어서야 뿌리쳤습니다. 퍼트넘의 아버지는 의학 공부를 그만두면 매년 250달러를 주겠다고 제안하기도 했습니다. 매클린톡의 어머니는 딸의 학력이 높으면 결혼하지 못할까 봐 처음에는 대학 입학을 반대했습니다.

이들은 대개 함께 연구하는 남성 과학자를 보조하기만 했을 것이라는 세상의 고정관념 때문에 승진도 못하고 인정받지도 못했습니다. 쿠니츠의 천문학 저서에는 이 책이 쿠니츠가 혼자서 연구한 결과라는 사실을 보증하는 의사 남편의 서문이 담겨 있습니다. 에이다 바이런은 찰스 배비지의 혁신적인 발상을 많은 사람에게 소개하기 위해 힘썼습니다. 그럼에도 아직까지 두 사람 가운데 누가 최초의 컴퓨터 프로그램을 썼는지는 분명히 밝혀지지 않았습니다. 마이트너와 우젠슝은 남성 공동 연구자들이 받은 노벨상을 함께 받지 못했습니다. 그들의 기여도가 당연히 남성 공동 연구자보다 적었을 거라고 생각되었기 때문입니다.

여성 과학자들은 이처럼 수많은 걸림돌에도 불구하고 경이로운 통찰력으로 과학 발전에 크게 이바지했습니다. 그들은 시간이 흐를수록 더욱 독립적이며 독창적인 연구 결과를 내놓았습니다. 부르지에와 뫼르드라크는 몸소 체험해 힘들게 얻은 전문 지식을 다른 여성을 위한 책으로 펴냈습니다. 쿠니츠는 요하네스 케플러의 루돌프 천문 도표를 모든 천문학자가 더욱 쉽게 사용할 수 있도록 바꾸었습니다. 바시는 실험 물리학 강의를 설계했고 독창적인 실험을 계속했습니다. 우리와 더 가까운 시대에 살았던 나머지 여성 과학자 열두 명도 수학, 핵물리학, 유전학, 컴퓨터과학, 구조화학, 신약 개발 등에 근본적으로 기여하는 독창적이고 의미 있는 연구를 했습니다. 어떻게 그럴 수 있었을까요?

이들은 사회적인 제약에 부딪혔지만 스승이나 친구, 남성인 동료들로부터 개별적으로 많은 도움을 받았습니다. 학교나 기관이 받아 주지 않을 때에는 교수들이 개인적으로 지도해 주었고, 또래 학생들이 친구가 돼 주었으며, 동료들이 도와주었습니다. 마이트너와 뇌터는 외국에 체류 중인 남성 동료 학자들의 도움이 없었다면 히틀러가 장악한 독일에서 살아 나오지 못했을 것입니다.

가족들도 경제적으로 큰 힘이 되었습니다. 나이팅게일과 마이트너는 아버지에게 생활비를 받았고, 호지킨은 친척이 학비를 내주었습니다. 마리 퀴리는 언니가 대학을 다니는 동안에 일을 해서 언니의 학비에 보탰고, 마리 퀴리가 대학에 다닐 때는 언니가 도와주었습니다.

그러나 이들이 성공할 수 있었던 가장 큰 원동력은 호기심, 그리고 세상을 이해하려는 욕구였습니다. 이들 대부분은 사회에 봉사하겠다는 마음가짐이 있었고, 가치 있게 살고 싶다는 욕망이 강했습니다. 어머니나 아내, 사교계의 꽃과 같은 전통적인 역할로 제한된 삶에는 만족할 수 없었습니다. 그들의 정신은 살아 있었고 끊임없이 도전하기를 원했습니다. 과학의 끝없는 질문과 문득 찾아오는 명확한 해답은 그들에게 큰 기쁨을 주었습니다. 그들은 새로운 것을 발견하기 위해 몰두하는 일을 즐겼습니다. 때로는 수줍음을 타고, 소심해지고, 불안할 때도 있었지만, 이 책에 실린 여성 과학자 열여섯 명은 위대한 정신을 마음껏 발휘할 수 있는 무대를 찾거나 만들어 낼 때까지 계속해서 나아갔습니다.

차례

1 여왕의 산파

루이즈 부르주아 부르지에
Louise Bourgeois Boursier
1563~1636

루이즈 부르주아 부르지에, 출생 | **1563**

루이 13세

1572 | 성 바르톨로메오 축일 학살 사건으로
프랑스 종교전쟁 재발

부르지에, 파리로 피신 | **1589**

성 바르톨로메오 축일 학살 사건

1598 | 부르지에, 산파 자격시험에 합격

1598 | 신교도를 보호하는 낭트 칙령 선포

부르지에, 여왕의 | **1601**
맏아들 출산을 도움

앙리 4세, 피살 | **1610**

1609 | 부르지에, 임신과 출산에 관한
저서 출간

1620 | 박해를 피해 유럽을 떠난 청교도들,
미국 동부 플리머스에 도착

마리아 쿠니츠, 첫 번째 결혼 | **1623**

윌리엄 하비, 혈액의 | **1628**
순환에 관한 이론 발표

부르지에, 73세로 사망 | **1636**

윌리엄 하비

청교도들의 출항

1589년 10월 31일, 군인들이 쳐들어왔습니다. 루이즈 부르주아 부르지에는 황급히 값나가는 물건을 챙겨 어머니와 세 아이를 데리고 안전하게 파리의 성벽 안으로 도망쳤습니다. 그날 밤, 신교도이자 프랑스의 왕위 계승자인 나바라왕국의 왕 앙리의 군대가 부르지에의 고향 생제르맹을 공격했습니다. 승리를 거둔 앙리의 병사들은 손에 잡히는 대로 때려 부수고 훔쳐 갔습니다.

이발사이자 외과 의사였던 남편 마르텡 부르지에는 군대에 징집되었고, 부르지에는 파리에서 돈을 벌 방법을 찾아야 했습니다. 처음에는 바느질해서 지은 옷을 이웃에 팔았지요. 하지만 바느질로 번 푼돈으로는 가족을 먹여 살릴 수 없었습니다. 결국 부르지에와 그의 어머니는 침략자들에게 빼앗기지 않으려고 가져온 물건들을 하나둘씩 팔아야 했습니다.

루이즈 부르주아 부르지에

부르지에는 다른 일을 찾아봐야겠다는 생각이 들었습니다. 그러던 어느 날, 그의 남편이 왕의 외과 의사였던 앙브루아즈 파레Ambroise Paré(프랑스의 외과 의사이자 근대 외과 의학의 아버지-옮긴이)의 집에서 몇 년 동안 견습생으로 지내며 일을 배웠던 것을 떠올렸습니다. 부르지에는 파레가 쓴 책을 읽으며 임신과 출산에 대해 조금씩 공부해 나갔습니다. 그로부터 얼마 안 있어 근처 짐꾼의 아내가 출산을 하게 됐고, 부르지에에게 도울 기회가 생겼지요. 이후 파리 카르티에라탱 지역의 많은 여인이 부르지에를 산파로 쓰기 시작했습니다.

16세기 프랑스에서 산파로 일한다는 것은 보통 일이 아니었습니다. 프랑스 여성 열 명 중 한 명은 아이를 낳다가 죽었기 때문입니다. 대부분 피를 너무 많이 흘리거나 세균에 감염되어 죽었습니다(이와 대조적으로 오늘날 미국에서 아이를 낳다가 죽는 여성은 10만 명 중 21명입니다).

결국 당시 프랑스 국왕이었던 앙리 4세는 산파 자격시험을 치러 전문 산파를 양성하도록 했어요. 남편이 돌아왔음에도 여전히 가족을 부양해야 했던 부르지에는 1598년, 산파 자격시험에 응시하기로 마음먹었지요. 시험장에는 내과 의사 한 명, 외과 의사 두 명, 산파 두 명으로 이뤄진 면접관이 있었습니다. 면접관 중 산파 한 명이 부르지에에게 남편의 직업에 관해 자세히 물어보았습니다. 그리고 다른 산파에게 이렇게 말했지요.

"외과 의사의 아내라니, 제 생각에

앙리 4세

저분은 우리 편이 아닐 것 같네요. 장터에서 만난 도둑들처럼 의사와 스스럼없이 어울리겠죠."

이처럼 산파들은 부르지에가 산파보다 의사 편을 들 것이라 생각하며 불안해했습니다. 그럼에도 불구하고 부르지에는 자격시험에 통과했고, 공식적으로 산파로 일할 수 있는 자격증을 얻었습니다.

부르지에는 곧 귀족 부인들의 산파로 일하게 되었고, 마침내 앙리 4세의 새 왕비인 마리아 데 메디치의 산파가 되었습니다. 부르지에가 궁정의 산파로 일할 수 있었던 것은 의사들과 좋은 관계를 유지했기 때문입니다. 부르지에는 의사들과 원만하게 지냈습니다. 의사는 물론 모두 남성이었고요.

1601년, 부르지에는 앙리 4세와 마리아 데 메디치의 맏아들이 태어나는 것을 도왔습니다. 이 아기가 바로 훗날 아버지의 뒤를 이어 프랑스의 국왕이 되는 루이 13세입니다.

아기가 태어나자마자 약 200명이 방 안으로 몰려왔습니다. 부르지에는 왕비가 조용히 안정을 취해야 한다고 항의했지요. 하지만 왕은 부르지에를 꾸짖었습니다.

"쉿, 그만해라. 이 아기는 이들 모두의 것이므로 다 함께 축하해 줄 권리가 있다."

이후 부르지에는 왕비가 자녀 다섯 명을 출산하는 것을 도왔습니다. 왕비가 출산하기 두 달 전부터는 마치 시녀처럼 다른 시종과 밥을 먹고 왕비의 마차 뒷좌석에 앉아 따라다녔지요. 부르지에는 일반 시녀와 달리 후한 보수를 받았습니다. 왕자 한 명을 받을 때마다 당시 산파 연봉의 열 배에 달하는 사례금을 받았고, 공주의 경우에는 산파 연봉의 여섯 배를 받았지요. 왕비의 시중을 들지 않는 기간에는 궁정의 부인과 카르티에라탱 지역의 중산층, 노동자 계층 부인들의 산파 노릇을 계속했습니다.

1609년까지 부르지에는 무려 2,000여 명의 출산을 도왔습니다. 부르지에는 이제 책을 쓸 때가 되었다고 생각했습니다. 그녀는 자신이 "출산에 관한 지식과 기술을 책으로 펴낸 첫 번째 여성"이라고 자랑스럽게 말했습니다. 1609년에 출간된 부르지에의 책《불임, 폐경, 생식 능력, 출산, 여성 질환, 신생아에 대한 다양한 관찰》은 곧바로 유럽의 여러 언어로 번역되었습니다. 부르지에는 평생에 걸쳐 책 내용을 덧붙이고 보완했습니다. 이 책은 그 뒤로 50년 동안 산파가 반드시 참고해야 할 자료로 활용되었습니다.

부르지에는 두 가지 자료를 이용해 책을 썼습니다. 하나는 그 시대의 저명한 의사들이 다져 놓은 체액 의학 이론이었고, 다른

부르지에가 쓴 임신과 출산에 관한 저서의 속표지

하나는 자신의 생생한 경험이었습니다. 일반적인 분만과 위험한 분만에 대처하는 법, 산모가 피를 너무 많이 흘릴 때 대처하는 법, 쌍둥이를 받는 법, 자궁 속에서 아기의 방향을 돌리는 법, 죽어 가는 산모의 아기를 받는 법을 설명했습니다. 그뿐만 아니라 태반이 산모의 자궁에 남아 있을 때 어떻게 해야 하는지, 출산 과정에서 차분하고 안전한 환경을 유지하는 방법과 출산 직후에 산모와 아기를 돌보는 법 등도 자세히 설명했습니다.

1610년에 앙리 4세가 가톨릭교 광신도에게 암살당하는 사건이 일어났습니다. 왕이 죽고 나자 부르지에는 더 이상 왕비의 산파 노릇을 할 수 없게 되었습니다. 부르지에는 궁에서 나와 귀족 부인들의 산파로 일했습니다. 그러던 중에 큰 불행이 닥쳤습니다. 부르지에가 맡았던 루이 13세의 남동생 부인이 아기를 낳은 뒤 고열 증세를 보이며 앓다가 일주일 만에 숨진 것입니다. 숨진 부인은 임신 기간 내내 아팠습니다. 하지만 부인을 돌봤던 의사들은 산파였던 부르지에에게 책임을 뒤집어씌우려고 했습니다. 그들은 사체 부검을 통해 복막염의 흔적을 발견하고, 사망의 원인을 자궁 속에 태반의 일부가 남아 있었기 때문이라고 추정했습니다.

부르지에는 의사들의 의견에 순순히 따르지 않았고, 바로 반박문을 써서 발표했습니다. 부르지에는 출산 직후에 그 자리에 있었던 의사들이 산모의 몸에서 빠져나온 태반을 조사했으며, 태반은 완전히 빠져나온 상태였다고 주장했습니다. 게다가 부검 결과 발견된 감염 부위와 망가진 장 부위는 의사들이 태반이 남아 있었다고 주장한 위치와 반대쪽이었지요. 부르지에는 부검을 한 의사들을 비판했습니다.

여러분이 쓴 보고서를 읽어 봤습니다. 여러분은 출산 전이든 후든, 여성의 태반과 자궁에 대해 정말 아무것도 모르는군요. (…) 여성이 앓는 병에 대한 비밀을 밝히려면 산파와 협력해서 일하고 다양한 분만 과정을 지켜봐야 합니다. 여러분이 존경해 마지않는 의학의 아버지 히포크라테스Hippocrates가 여성 질환을 치료할 때 산파에게 자문을 구하고, 산파의 판단을 신뢰했던 것처럼 말입니다.

건방진 산파 하나가 왕족의 죽음에 대한 책임을 묻는데 궁정의 의사들이 가만히 있을 리가 없었습니다. 만약 반박문을 발표하지 않았다면 부르지에는 조용히 은퇴할 수 있었을지도 모릅니다. 하지만 사태가 이렇게 되자 익명의 의사가 부르지에를 완전히 깔아뭉개기 위해 나섰습니다.

다시는 의사들에게 반문하지 마시오. (…) 산파의 이름으로 자신을 추켜세우지 마시오. 당신의 주제넘은 글이 불러일으킬 화를 미리 내다보고, 당신보다 훨씬 전문적이고 만족스럽게 의술을 행하는 남자들에게 그렇게 거만한 태도로 말하지 마시오.

하지만 부검에 관한 부르지에의 의견에 의사가 반박한 내용은 근거가 부족했습니다. 현대 의학으로 다시 조사한다 해도 부르지에는 부인의 죽음에 책임이 없습니다. 다만 부르지에가 여성의 몸으로 반박문을 발표한 것은 그 시대의 기준으로 지나친 행동이었습니다. 그와 친한 의사 중 누구도 공개적으로 그의 편을 들어주지 않았으니까요. 결국 부르지에는 궁정의 산파로 다시는 일할 수 없었습니다.

부르지에는 그 뒤로 산파술에 관한 글을 쓰고 지위가 낮은 여성들의 출산을 도우며 남은 생을 보냈습니다. 1636년, 일흔세 살의 나이로 세상을 떠나기까지 끊임없이 배우고 글을 썼습니다. 부르지에는 다음과 같이 말했습니다.

"그 누구도 의학에 완벽하게 통달한 적이 없다. 의학에 관한 모든 것을 알 수도 없다. 삶의 마지막 날까지 배우고 또 배워야 한다."

부르지에는 용감하고 독립적인 여성이었습니다. 그 시대의 명망 있는 의사들과 거의 동등한 관계로 임신과 출산에 관해 서슴없이 의논하고 협력했지요. 책을 읽으며 공부하기도 했지만, 수천 번의 출산을 주의 깊게 관찰하면서 더 많은 사실을 알아냈습니다. 부르지에에게는 남달랐던 점이 또 하나 있었습니다. 의학에 관한 책을 라틴어로만 썼던 동시대의 남자 의사들과 달리 지역의 사람들이 실제로 사용하는 토착어로 글을 썼다는 점입니다. 부르지에는 산파로서의 경험과 책을 읽고 터득한 지식을 누구나 이해할 수 있는 언어로 쉽게 설명했습니다. 그리하여 다른 산파는 물론 임신과 출산을 겪는 모든 사람이 읽을 수 있게 했지요. 당시 잘못된 기독교적 세계관을 갖고 있던 남성들은 여성이 출산의 고통을 겪는 것이 성경에 등장하는 최초의 여성 하와가 지은 죄에 대한 벌이라 당연하다고 생각했습니다. 하지만 부르지에는 그렇게 생각하지 않았습니다. 그는 출산할 때에 통증을 줄이고 안전하게 아기를 낳을 수 있는 방법을 찾으려 노력했습니다. 그리고 의학의 과학적 기초를 다지는 데 이바지했으며 수많은 여성과 영아의 목숨을 살려 냈습니다.

프랑스의 국왕 앙리 4세

부르지에가 살던 시대에는 유럽 전역에서 가톨릭교도와 신교도의 대립으로 종교전쟁이 한창 벌어지고 있었습니다. 훗날 프랑스 국왕이 된 앙리 4세는 나바라왕국에서 태어나 가톨릭교도로 세례를 받았지만 어머니의 영향을 받아 신교도로 자랐습니다. 그래서 왕위 계승권이 앙리에게 돌아왔을 때 가톨릭교도 세력은 군대를 보내 그를 공격했습니다.

앙리는 많은 전투에서 승리했지만 끝내 파리를 손에 넣지 못했고, 1593년에 가톨릭교로 개종하는 실용주의 노선을 택하게 됩니다. 그는 "파리를 얻을 수 있다면 미사를 드릴 가치가 있다."라는 명언을 남기기도 했습니다. 앙리는 가톨릭교도가 되고 나서야 프랑스의 왕으로 인정받았습니다.

전장에서 싸우는 나바라왕국의 왕 앙리

앙리 4세는 국민을 잘 보살피는 선한 왕이었다고 합니다. 1598년에 프랑스의 칼뱅파 신교도인 위그노 박해를 금지하는 낭트 칙령을 선포한 앙리는 관용 정책을 못마땅하게 여긴 가톨릭교도의 칼에 찔려 1610년 5월 14일, 비참한 최후를 맞았습니다.

태반의 역할

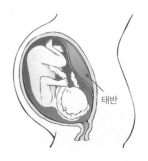

태반은 포유동물에게만 있는 신체 기관으로 태아의 탯줄을 엄마의 자궁벽과 연결하는 역할을 하지요. 무수한 혈관으로 이루어진 태반은 엄마와 아기가 영양분과 노폐물 등을 교환하는 일종의 통로 역할을 합니다. 태반은 보통 아기가 태어나고 몇 분 뒤에 산모의 몸에서 자연스럽게 빠져나옵니다. 하지만 출산 중에 태반이 찢어지거나 태반의 일부가 산모의 자궁 속에 남게 되면 심각한 출혈이나 감염을 일으킬 수 있어 매우 위험합니다.

2 별을 헤아리다

마리아 쿠니츠

Maria Cunitz
1610(?)~1664

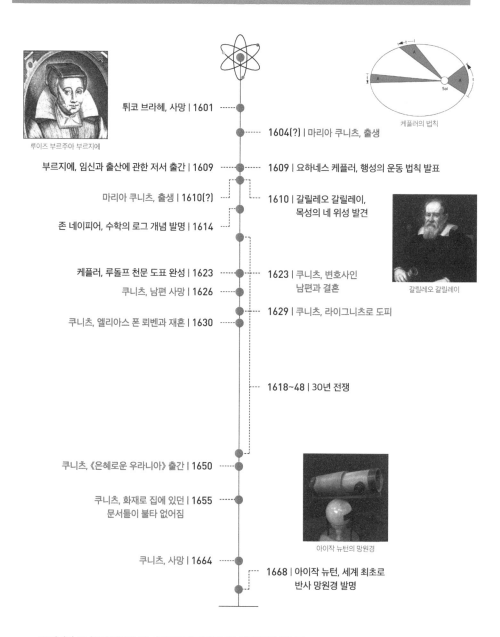

연표 | 1601~1668

루이즈 부르주아 부르지에

튀코 브라헤, 사망 | 1601

1604(?) | 마리아 쿠니츠, 출생

부르지에, 임신과 출산에 관한 저서 출간 | 1609

1609 | 요하네스 케플러, 행성의 운동 법칙 발표

케플러의 법칙

마리아 쿠니츠, 출생 | 1610(?)

1610 | 갈릴레오 갈릴레이,
목성의 네 위성 발견

존 네이피어, 수학의 로그 개념 발명 | 1614

갈릴레오 갈릴레이

케플러, 루돌프 천문 도표 완성 | 1623

1623 | 쿠니츠, 변호사인
남편과 결혼

쿠니츠, 남편 사망 | 1626

1629 | 쿠니츠, 라이그니츠로 도피

쿠니츠, 엘리아스 폰 뢰벤과 재혼 | 1630

1618~48 | 30년 전쟁

쿠니츠, 《은혜로운 우라니아》 출간 | 1650

쿠니츠, 화재로 집에 있던 | 1655
문서들이 불타 없어짐

아이작 뉴턴의 망원경

쿠니츠, 사망 | 1664

1668 | 아이작 뉴턴, 세계 최초로
반사 망원경 발명

※ 마리아 쿠니츠가 태어난 해는 1604년과 1610년으로 의견이 분분합니다.

마리아 쿠니츠의 첫 번째 전기를 쓴 작가에 따르면, 쿠니츠는 매일 밤새도록 별을 바라보느라 낮에는 집안일을 팽개쳐 두고 잠을 잤다고 합니다. 당시 사람들은 쿠니츠를 히파티아Hypatia(고대 이집트의 철학자이자 수학자-옮긴이) 이후에 가장 훌륭한 여성 천문학자라고 불렀습니다. 현대의 어느 작가는 그를 "요하네스 케플러Johannes Kepler와 크리스티안 하위헌스

마리아 쿠니츠의 동상

Christiaan Huygens(네덜란드의 수학자이자 과학자-옮긴이) 사이를 잇는 가장 위대한 천문학자"라고 부르기도 했습니다.

쿠니츠는 이 책에 나오는 여성 과학자 가운데 비교적 덜 알려진 인물입니다. 말년에 집에 불이 나서 각종 문서와 편지들이 불타 없어졌기 때문에 더욱 그렇습니다. 다만 확실한 것은 쿠니츠도 다른 여성 과학자처럼 이해심 많은 남편의 도움을 받았고, 전쟁을 피해 떠돌아다녔다는 사실입니다.

쿠니츠는 현재 폴란드 서부 지역인 보우프(독일어로는 보라우-옮긴이)에서 태어났지만 스스로를 독일인이라고 생각했습니다. 당시 그의 고향이 신성로마제국(10세기 말부터 19세기 초까지 844년 동안 이어진 독일제국의 정식 명칭-옮긴이)에 속해 있었기 때문이지요. 쿠니츠는 앞서 소개된 루이즈 부르주아 부르지에보다 50년 정도 늦게 태어났습니다. 1604년과 1610년 사이에 태어난 것으로 추정되나, 남아 있는 자료를 분석하면 1610년에 태어났을 가능성이 높습니다.

개신교를 믿었던 쿠니츠의 집안은 명망과 학식이 높았습니다. 아버지는 의사였고, 어머니는 과학자의 딸이었지요. 쿠니츠는 10대 시절에 이미 독일어, 라틴어, 그리스어, 히브리어, 이탈리아어, 프랑스어, 폴란드어를 할 줄 알았습니다. 악기를 연주하고, 그림을 그리고, 바느질도 익혔지요. 역사와 수학도 공부했습니다.

1623년(1610년에 태어났다면 겨우 열세 살에), 쿠니츠는 변호사였던 다비트 폰 게르스트만을 남편으로 맞았습니다. 그러나 3년 뒤에 남편이 세상을 떠났고, 쿠니츠는 친정으로 돌아와 전부터 관심 있던 점성술을 공부했습니다.

점성술을 이해하려면 특정 시각에 별들이 어느 자리에 있는지 정확히 예측할 수 있어야 합니다. 그래서 당시 의사들은 점성술에 관심이 많았습니다. 사람이 태어나는 바로 그 순간에 별들이 어느 자리에 있는지가 그 사람의 건강과 질병에 영향을 준다고 믿었거든요.

점성술을 공부하던 쿠니츠의 열정적인 모습은 엘리아스 폰 뢰벤 Elias von Löwen(의사이자 수학자, 천문학자-옮긴이)의 눈에 띄었습니다. 폰 뢰벤은

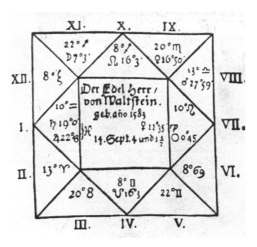

케플러가 그린 천궁도

쿠니츠와 편지를 주고받으며 점성술을 가르쳤고, 복잡한 계산에 도움
이 되는 삼각법을 가르쳐 주기도 했습니다. 둘은 매우 친해졌습니다.
1629년, 신교도를 탄압하던 신성로마제국의 황제 페르디난트 2세가
일으킨 30년 전쟁이 쿠니츠가 살던 곳까지 영향을 미쳤어요. 폰 뢰벤
은 쿠니츠의 집안을 도왔습니다. 쿠니츠의 세 자매는 가톨릭교로 개종
해 살던 집에 남았지만, 쿠니츠는 부모와 라이그니츠로 피신했습니다.
이때 폰 뢰벤도 쿠니츠와 함께했지요.

　라이그니츠로 간 이듬해에 쿠니츠의 아버지가 갑작스레 세상을
떠났어요. 쿠니츠는 어려울 때마다 버팀목이 돼 준 폰 뢰벤과 결혼을
결심합니다.

　결혼한 지 얼마 지나지 않아 쿠니츠 부부는 폴란드 국경에서 가까
운 피첸Pitschen(현재 폴란드의 비치나Byczyna-옮긴이)으로 또다시 도망쳐야 했습니

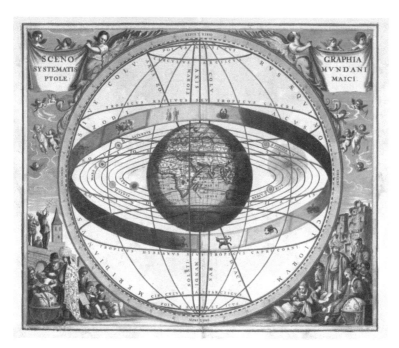

셀라리우스가 그린 프톨레마이오스의 우주관
(코페르니쿠스와 케플러 이전의 천문학자들은 태양계 행성들이 이와 같이 위치해 있다고 믿었다.)

다. 그 몇 년 뒤에는 강을 건너 아예 폴란드로 넘어가 시토 수도회에 속한 수녀원의 보호를 받았습니다. 그렇다고 그들이 신교도의 믿음을 저버린 건 아닙니다. 훗날 폰 뢰벤은 쿠니츠가 쓴 연구서의 서문에 '더 없이 친절하고 자애롭고 호의적이었으며, 평화롭고 안전하게 지내게 해 준' 수녀들에 대해 고마움을 표현하기도 했습니다.

결혼하고 몇 년이 흐른 뒤, 폰 뢰벤은 쿠니츠에게 케플러의 루돌프 천문 도표에 대해 알려 주었습니다. 루돌프 천문 도표는 이미 50여

년 전, 덴마크의 벤Hven섬(현재 스웨덴의 벤Ven섬-옮긴이)에서 튀코 브라헤Tycho Brahe와 그의 학생들이 관측한 자료에서 시작되었습니다. 그들은 천문학을 대대적으로 개혁하기 위해 당시 가장 훌륭한 도구와 장비를 가지고 수천 가지의 상세한 관측 데이터를 24년 동안 기록했지요. 그러다 덴마크의 왕 크리스티안 4세와 갈등이 생기자 브라헤는 모든 기록과 장비를 들고 프라하로 떠났습니다. 그리고 신성로마제국의 황제 루돌프 2세의 궁정 수학자가 되었습니다.

루돌프 2세는 관측 데이터를 정리한 천문 도표에 자신의 이름을 붙이도록 허락했지요. 그러나 안타깝게도 브라헤는 수십 년 동안 심혈을 기울인 도표가 완성되기 전에 세상을 떠났습니다.

1601년에 브라헤가 세상을 떠나자 루돌프 천문 도표를 완성해야 할 책임이 케플러에게 돌아왔습니다. 하지만 케플러는 행성의 운동에 관한 새로운 이론을 세우는 데 몰두하느라 천문 도표 작업을 계속해서 미루었습니다. 그는 1605년에 행성의 운동 이론을 어느 정도 정리하고 나서야 자신의 이론을 브라헤의 관측 데이터에 적용하여 행성의 궤도를 계산하기 시작했습니다. 계산 작업은 시간이 오래 걸렸고 지루했어요. 1618년, 케플러는 불만스러운 얼굴로 힘겹게 계산을 거듭하다가 '로그'라는 새로운 수학 개념에 대해 듣고 무척 기뻐했

튀코 브라헤

습니다. 로그는 1614년에 영국의 수학자 존 네이피어^{John Napier}가 발명한 개념인데, 로그를 이용해서 복잡한 곱셈 수식을 상대적으로 더 간단한 덧셈으로 바꾸어 계산할 수 있었지요. 1623년에 이르러 마침내 케플러는 루돌프 천문 도표를 완성했습니다. 이론적으로 이 도표를 사용하면 미래에 행성과 혜성들의 위치를 나타내는 천체력을 계산해 낼 수 있었습니다. 케플러는 사위와 함께 여러 시점의 천체력을 계산했지요. 계산이 워낙 복잡한 탓에 작업에 참여하려는 천문학자가 거의 없었습니다.

물론 쿠니츠도 다른 천문학자들처럼 케플러의 방식이 로그의 사용과 반복적인 계산에 너무 많은 시간을 소모한다고 생각했습니다. 과학사가 노엘 스워들로^{Noel Swerdlow}의 말에 따르면 당시 케플러의 천체력으로 행성의 움직임을 계산하려면 적어도 한 시간이 걸렸다고 합니다. 쿠니츠는 기존의 작업을 포기하는 대신에 케플러의 천체력을 더욱 간단하고 사용하기 편한 형태로 바꾸기 시작했습니다. 남편 폰 뢰벤의 말에 따르면 "그렇게 바꾸는 작업 또한 중노동"이었다고 합니다.

이윽고 쿠니츠는 시간이 덜 걸리는 간단한 계산법을 찾아내어 케플러의 천체력을 새로운 형태로 바꾸었습니다. 그 과정에서 케플러의 몇몇 실수를 바로잡기도 하고, 새로운 실수를 더하기도 했습니다.

1648년, 30년 전쟁이 끝나고 정치적 상황이 나아지자 쿠니츠와 폰 뢰벤은 피첸으로 돌아갔습니다. 쿠니츠는 그곳에서 더욱 연구에 열중했습니다. 그 결과, 1650년에는 20여 년 동안의 연구 내용을 집대성한 책을 출간했습니다. 제목은 천문을 관장하는 그리스 여신 우라니아의 이름을 따서 《은혜로운 우라니아》라고 지었습니다. 총 500쪽이나 되는 책에 천체력을 나타낸 숫자 표만 300쪽을 차지했습니다. 폰 뢰벤은 '저자의 남편이 독자 여러분께'라는 제목의 서문에서 이 책이 정말로 한 여성이 혼자 연구해서 쓴 책이라는 사실을 다시 한번 확인시켜 주었습니다.

쿠니츠는 이 책에서 천체력을 활용하는 방법에 대해 쓸 때 라틴어와 독일어를 함께 사용했어요. 전부 합쳐 200쪽에 가까운 분량이었습니다. 책의 도입부에는 두 가지 언어로 책을 쓴 이유가 나와 있습니다. 쿠니츠는 학자의 언어인 라틴어로 글을 쓰지 않을 수 없었지만 독일인은 라틴어를 모르더라도 천문학을 이해할 능력이 충분하기 때문이라고 설명했습니다. 이에 덧붙여 "다른 나라 사람들도 아마 동의하겠지만, 독일인의 연구 성과는 독일의 것이기도 하다."라고 썼습니다. 쿠니츠는 독일이 일으킨 전쟁으로 오랜 기간 떠돌아다녔지만, 언제나 독일을 위해 일했던 것이지요. 또한 두 가지 언어로 책을 씀으로써 "의미 있는 연구서를 저자에게 알리거나 상의하거나 허락을 구하지 않고, 저자 이름도 지워 버린 채 다른 언어로 번역하는" 사기 행위를 막고자 했습니다. 표절될 가능성을 없애기 위해 스스로 번역한 셈이었지요.

《은혜로운 우라니아》 1부에는 삼각법 도표와 수많은 천문 측정값이 들어 있습니다. 2부에는 태양, 행성, 달의 평균 운동과 오차 보정에 관한 숫자 표가 들어 있습니다. 3부에는 타원 궤도를 계산하는 숫자 표와 달의 움직임 및 위상을 예측하는 숫자 표가 들어 있습니다. 쿠니츠는 이 책에서 코페르니쿠스의 이론에 따라 행성들이 태양을 중심으로 도는 모습과 케플러가 발견한 타원 궤도를 명확하게 보여 줍니다.

쿠니츠는 《은혜로운 우라니아》를 출간하고 북부 유럽의 학자들 사이에서 매우 유명해졌습니다. 이론과 관측 천문학을 통틀어 그 시대의 가장 저명한 천문학자였던 헤벨리우스Hevelius 등 여러 천문학자와 편지를 주고받으며 학문을 논하기 시작했지요. 그러나 불행히도 1655년에 피첸에서 일어난 화재로 쿠니츠의 집과 서재에 있던 문서, 관측 도구, 폰 뢰벤의 약 제조 장비 등이 불타 사라졌습니다. 그 뒤로 쉰네 살에 세상을 떠나기까지 쿠니츠의 일생에 대해서는 알려진 게 거의 없습니다.

로널드 K. 스멜처는 마리아 쿠니츠가 "아마도 그 시대에 가장 뛰어난 수리천문학자였을 것"이라고 말합니다. 스워들로는 《은혜로운 우라니아》가 "지금까지 남아 있는 과학 연구서 가운데 당대 최고의 기술을 담은 가장 오래된 책"이라고 말했지요. 당대의 수학 지식에 통달했으며, 그것을 중요한 과학 문제에 적용했던 쿠니츠는 이 책에 등장하는 여성 과학자들의 본보기가 되었습니다.

《은혜로운 우라니아》의 표지

30년 전쟁

30년 전쟁(1618~48)은 종교와 권력을 둘러싼 다툼이었습니다. 프라하에서는 신교도들이 종교 갈등 때문에 의원들을 의회 창밖으로 내던지는 사건이 벌어졌습니다. 이 의원들은 당시 막 선출된 신성로마제국의 황제이자 가톨릭교도인 페르디난트 2세를 지지하는 사람들이었습니다. 이 사건을 계기로 그동안 쌓여 왔던 중부 유럽의 신교도와 가톨릭교도 사이의 갈등이 본격적으로 터져 나왔습니다. 전쟁의 기세는 독일을 거쳐 프랑스와 스페인, 스웨덴을 포함한 유럽 전역으로 퍼졌습니다. 30년 동안 전쟁이 지속되면서 많은 것이 파괴되었습니다. 독일에서는 전쟁과 함께 유행한 질병과 굶주림으로 인구가 크게 줄어들었습니다.

프라하에서 종교 갈등 때문에 반대파를 창밖으로 내던진 사건

행성 운동에 관한 제1법칙과 제2법칙

케플러는 1609년 브라헤의 천체 관측 자료를 바탕으로 행성 운동에 관한 제1법칙과 제2법칙을 발표했습니다.

요하네스 케플러

   1. 모든 행성의 궤도는 타원 모양이고, 타원의 두 초점 중 한 곳에 태양이 있다.

   2. 행성과 태양을 연결하는 선분이 같은 시간 동안 그리는 면적은 일정하다. 이는 행성이 태양과 가까울 때 더 빠르게 이동한다는 뜻이다.

3 여성을 위한 화학

마리 뫼르드라크

Marie Meurdrac
1610(?)~1680

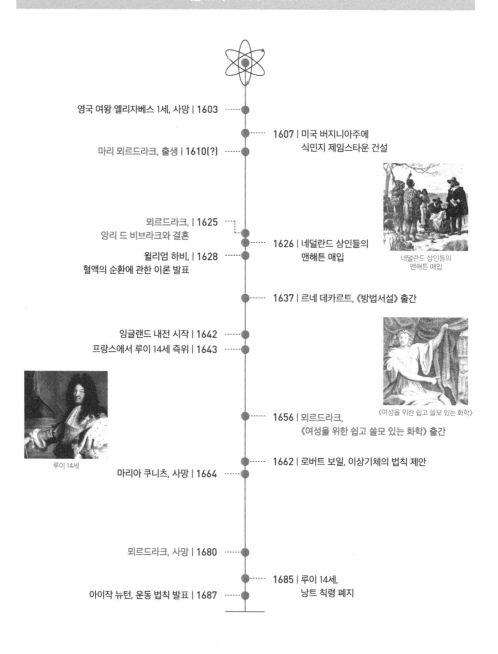

영국 여왕 엘리자베스 1세, 사망 | 1603

1607 | 미국 버지니아주에
식민지 제임스타운 건설

마리 뫼르드라크, 출생 | 1610(?)

1626 | 네덜란드 상인들의
맨해튼 매입

네덜란드 상인들의
맨해튼 매입

뫼르드라크, | 1625
앙리 드 비브라크와 결혼

윌리엄 하비, | 1628
혈액의 순환에 관한 이론 발표

1637 | 르네 데카르트, 《방법서설》 출간

잉글랜드 내전 시작 | 1642

프랑스에서 루이 14세 즉위 | 1643

1656 | 뫼르드라크,
《여성을 위한 쉽고 쓸모 있는 화학》 출간

《여성을 위한 쉽고 쓸모 있는 화학》

1662 | 로버트 보일, 이상기체의 법칙 제안

마리아 쿠니츠, 사망 | 1664

루이 14세

뫼르드라크, 사망 | 1680

1685 | 루이 14세,
낭트 칙령 폐지

아이작 뉴턴, 운동 법칙 발표 | 1687

17세기 과학은 중세의 신비주의와 실용주의를 바탕으로 성장했습니다. 특히 화학은 자연의 물질과 요소를 이해하고 탐구하며 지배하려는 연금술에서 비롯되었지요. 연금술사들은 물질에 숨어 있는 성질과 예상치 못한 변화를 설명하는 복잡한 이론들을 개발해 자신들만 알아볼 수 있는 신비주의적이고 난해한 언어로 그것을 설명했습니다. 하지만 화학의 더 오랜 기원을 추적해 보면 민간요법이라는 소박한 활동으로 거슬러 올라갑니다.

연금술사의 작업실

문명이 시작된 이래로 사람들, 특히 어머니들은 가족의 병을 고칠 수 있는 방법을 찾으려 애썼습니다. 최초의 여성 화학자라 불리는 마리 뫼르드라크는 연금술과 민간요법, 이 두 가지 본질을 모두 아우르는 연구자였습니다. 그중에서도 뫼르드라크가 가장 중요하게 여긴 것은 가난한 여인들에게 직접적인 도움을 주는 일이었습니다.

뫼르드라크는 프랑스 지주 집안에서 두 딸 중 장녀로 태어났습니다. 그의 가족은 파리 교외에 살았고, 아버지는 뫼르드라크가 어렸을 때 공증인으로 일하며 재산을 많이 늘렸습니다. 뫼르드라크의 여동생 카트린이 말을 타고 사냥하며 검술 경기를 즐겼던 반면, 뫼르드라크는 어릴 때부터 차분하고 진지한 성격이었다고 합니다. 그는 마을 어린이 여러 명의 대모가 되어 주기도 했지요.

1625년, 뫼르드라크는 앙굴렘 공작 샤를 드 발루아의 근위대장인 앙리 드 비브라크와 결혼했습니다. 뫼르드라크는 결혼한 뒤에 앙굴렘 공작의 저택인 그로부아 성에서 살았고, 그곳에서 기슈 백작 부인과 친해졌습니다.

남편을 여읜 기슈 백작 부인은 뫼르드라크처럼 화학에 관심이 많았고, 지역 사회를 위해 일하려 했던 모양입니다. 덕분에 뫼르드라크는 백작 부인의 후원과 지지를 받으며 본격적으로 화학을 공부할 수 있었습니다.

뫼르드라크는 주로 연금술사나 동시대 화학자들이 쓴 책으로 공부했는데, 이론만으로는 성에 차지 않아 직접 실험해 보기도 했습니다. 물질을 서로 섞어 보기도 하고, 추출해서 반응 결과를 시험해 보기도 했지요. 화학 연구를 통해 여성들의 삶을 개선하고 싶었던 뫼르드라크는 민간요법을 계발하고 다양한 화장품을 만드는 연구에 몰두했어요. 그 제조 방법을 주의 깊게 기록한 건 물론이고요.

몇 년이 흐른 뒤, 뫼르드라크는 문득 책을 써 보고 싶다는 생각이 들었습니다. 하지만 여성으로서 책을 써도 되는지 오랫동안 고민했지요. 뫼르드라크의 고민은 책의 서문에 고스란히 드러나 있습니다.

나는 단지 나 자신을 위해 이 책을 쓰기 시작했다. 오랫동안 수많은 실험을 되풀이하며 고생스럽게 얻은 지식을 잃어버리지 않기 위해서였다.

뫼르드라크는 그보다 50여 년 전에 살았던 루이즈 부르주아 부르지에만큼 자신감이 넘치지 못했습니다. 그래서 무려 2년 동안이나 책을 출간하는 것이 옳은지 고민을 거듭했습니다. 당시 학자들은 여성이 공부를 많이 하면 거만하고 예민하며 우스꽝스러워진다고 믿었습니다. 뫼르드라크는 공식적으로 책을 출간했다가 사람들에게 비난을 받을까 두려웠습니다. 게다가 최근의 화학 연구에 대해 책을 쓴 여성이 아무도 없다는 사실을 알고 있었습니다. 마침내 뫼르드라크는 다음과 같은 결론을 내렸습니다.

나 이전에도 책을 출간한 여성이 있었다. 지성에는 성별이 없다. 여성이 남성과 동일한 교육과 훈련을 받는다면, 남성처럼 지성을 키우는 데 시간과 돈을 투자한다면 여성도 남성과 똑같은 학자가 될 수 있다.

1656년, 뫼르드라크는《여성을 위한 쉽고 쓸모 있는 화학》을 출간했습니다. 누구나 읽을 수 있도록 프랑스어로 썼지요. 뫼르드라크는 독자에게 저마다 가정에서 자신이 한 것처럼 실험하고 만들어 보기를 권했고, 책에서 설명한 민간 치료약을 가난한 이들에게 무료로 나누어 주었습니다.

17세기 프랑스에서 가장 지위가 높은 의료인은 의학 이론을 연구하고 해부학을 가르치는 의사였습니다. 그들은 연구만 할 뿐 직접 환자를 만나지 않았습니다. 두 번째로 지위가 높은 의료인은 수술을 집도하는 외과 의사였고, 세 번째로 지위가 높은 의료인은 이발사였습니다. 당시 이발사는 사람들의 수염을 면도하거나 이발을 하면서 틈틈이 외과 의사를 돕는 역할을 했습니다. 네 번째로 지위가 높은 의료인은 약사였습니다. 그들은 약을 조제해 환자에게 전해 주었습니다. 그러나 여성들은 그 가운데 어떤 일도 할 수 없었습니다. 약초를 뜯어 대대손손 전해 내려오는 '조제법'에 따라 자녀를 치료했어요.

사람들은 여성들이 제대로 배우지 못했고, 잘 알지 못한다고 생각했기 때문에 손수 치료제를 만들어 파는 일을 금지했습니다. 뫼르드라크의 연구도 이러한 민간 치료제에서 출발했지만, 스스로 꾸준히 공부한 의학과 화학 이론을 바탕으로 삼았습니다. 이러한 이론들이 과학적으로 정말 옳은지는 중요하지 않았습니다. 다만 그 덕분에 뫼르드라크의 치료제에 권위가 생길 수 있었습니다.

뫼르드라크의 책에는 그림이나 찾아보기가 없습니다. 그 대신 106개의 연금술 기호 표가 알기 쉽게 정리되어 있고, 목차가 상세히 나와 있습니다. 책은 크게 여섯 부분으로 나뉩니다. 첫 번째 부분에서는 여러 가지 화학 실험법과 실험 기구를 소개합니다. 용기, 도가니, 무게 측정용 추, 증류기, 화덕과 같은 실험 기구가 나오지요. 뫼르드라크의 책에도 적혀 있지만 당시에 화덕은 아무나 쓸 수 없

연금술 기호

었습니다. 그래서 화덕 대신에 벽돌로 둘러싼 삼발이 화로나 난로 귀퉁이를 이용해도 좋다고 나옵니다. 두 번째 부분에서는 식물에서 추출한 물질, 세 번째 부분에서는 동물에서 추출한 물질, 네 번째 부분에서는 금속에 관한 내용과 함께 무기화학에 대해 설명합니다. 다섯 번째 부분에서는 이러한 물질들을 의학적으로 어떻게 활용할 수 있는지 두통, 귓병, 치통 치료법 등의 예를 들어 설명합니다. 마지막 여섯 번째 부분은 여성의 아름다움과 건강을 위한 내용으로 책 전체의 4분의 1을 차지합니다. 향수, 치아 미백제, 영양 크림, 핸드크림, 세안제, 자외선 차단제, 머리카락 염색약, 가려움증 완화제 등이 소개되어 있습니다.

뫼르드라크가 소개하는 제조법은 놀라울 정도로 간단했습니다. 누구나 부엌에서 쉽게 만들 수 있었지요. 이를테면 몸을 씻을 때 로즈

마리 알코올 추출물을 쓰면 더 오래 살 수 있고, 눈이 먼 사람은 시력이 회복될 수 있다고 적었어요. 실제로 이 제조법은 신성로마제국의 황제였던 카를로스 5세의 딸이 통풍을 치료하기 위해 썼다고 합니다.

뫼르드라크는 르네상스 시대의 의사이자 연금술사였던 파라셀수스Paracelsus의 의견에 따라 세상을 구성하는 세 가지 원소를 수은, 황, 소금이라고 주장했습니다. 그때 나온 최신 이론에 따른 것이지요. 파라셀수스는 수은은 정신, 황은 영혼, 소금은 육체를 뜻한다고 했어요. 뫼르드라크는 기존의 이론을 따르면서도 어떤 화학자들이 물에 녹는 금과 은의 합금을 만들었다는 이야기에 의문을 품기도 했습니다.

이 주제에 관해 글을 쓴 학자들은 증명해 보이기보다 추측하는 것에 그친다. 추측에 의존하면 속아 넘어갈 때가 많다. 이론과 실제는 대개 다르기 때문이다. 사색하는 사람보다 행동하는 사람이 더 많은 것을 배운다.

이처럼 뫼르드라크는 고상하게 이론을 생각해 내는 학자보다 직접 실험해서 실용적인 지혜를 얻는 사람을 지지했습니다. 실제로 혼합물에서 물질을 분리하고 추출하는 능력이 무엇보다 중요하다고 주장했지요. 이는 오늘날까지도 화학의 주요 과제 가운데 하나입니다.

뫼르드라크는 독립적으로 중요한 발견을 한 적은 없습니다. 다만 그의 책을 보면 실력 있는 약사이자 화학자였음을 알 수 있지요. 뫼르드라크의 책은 당시 사람들에게 꼭 필요한 자료였습니다. 저자 이름은 'M. M. 부인'이라는 필명으로 되어 있었지만, 책의 인기는 대단했습니다. 프랑스어로 개정판이 다섯 번이나 나왔고, 독일어로도 여러 번 개정되었으며 이탈리어로도 출간된 것으로 알려져 있습니다. 심지어 파리의 의과대학에서는 '이 책이야말로 보통 사람에게 매우 유용하다'고 인정하며 추천했습니다.

뫼르드라크는 부르지에처럼 여성도 적절한 교육을 받으면 의학 발전에 이바지할 수 있다고 믿었습니다. 실제로 여성들에게 필요한 것을 스스로 제공하기도 했어요. 뫼르드라크는 부르지에처럼 돈을 벌기 위해 공부를 시작한 게 아니고, 남성의 권위에 도전하지 않았습니다. 단지 여성도 스스로 배우고 익힌 내용을 다른 사람에게 알려 줄 수 있다는 것을 조심스럽게 보여 줌으로써 여성들이 과학을 공부하고 연구할 수 있는 기반을 다져 놓았습니다.

뫼르드라크의 치료법

뫼르드라크의 치료법 가운데 두 가지를 소개합니다.

1. 머리카락을 자라게 하는 법 : 클레머티스 뿌리 두 줌과 삼 뿌리 두 줌, 부드러운 양배추 심 두 줌을 말린 후에 태운다. 태워서 나온 재를 물에 탄다. 머리카락에 꿀을 발라 문지른 다음에 재를 탄 물로 먹을 감는다. 이 과정을 사흘 동안 되풀이한다.

2. 천연두 흉터를 예방하는 법 : 비둘기의 날갯죽지에서 뽑은 피를 깃털에 묻혀서 막 생겨난 천연두 종기에 하루에 서너 번 바르면 흉터를 예방할 수 있다.

18세기 화학 실험실에서 연구하는 여성
(로널드 K. 스멜처 제공)

4 볼로냐의 물리학자

라우라 바시
Laura Bassi
1711~1778

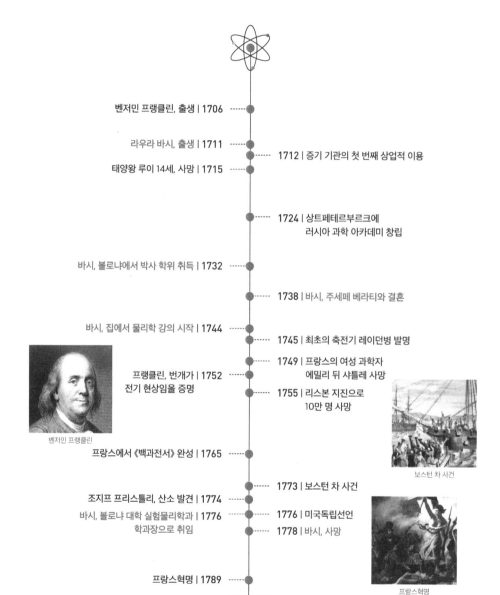

벤저민 프랭클린, 출생 | 1706

라우라 바시, 출생 | 1711

1712 | 증기 기관의 첫 번째 상업적 이용

태양왕 루이 14세, 사망 | 1715

1724 | 상트페테르부르크에
러시아 과학 아카데미 창립

바시, 볼로냐에서 박사 학위 취득 | 1732

1738 | 바시, 주세페 베라티와 결혼

바시, 집에서 물리학 강의 시작 | 1744

1745 | 최초의 축전기 레이던병 발명

1749 | 프랑스의 여성 과학자
에밀리 뒤 샤틀레 사망

프랭클린, 번개가 | 1752
전기 현상임을 증명

1755 | 리스본 지진으로
10만 명 사망

벤저민 프랭클린

프랑스에서 《백과전서》 완성 | 1765

보스턴 차 사건

1773 | 보스턴 차 사건

조지프 프리스틀리, 산소 발견 | 1774

바시, 볼로냐 대학 실험물리학과 | 1776
학과장으로 취임

1776 | 미국독립선언

1778 | 바시, 사망

프랑스혁명 | 1789

프랑스혁명

1732년 4월, 평범한 변호사의 딸이었던 라우라 바시가 마차를 타고 볼로냐의 푸블리코 궁전으로 들어갔습니다. 귀족 부인 두 명이 나와 바시를 정중하게 안내했습니다. 궁전 안의 드넓은 응접실에 들어서자 그곳에 있던 귀족과 학자, 추기경과 주교, 의사와 변호사 들이 자리에서 일어났습니다. 사랑스럽고 아름다운 스무 살의 바시는 겸손한 태도로 자리에 앉았습니다. 그곳은 유럽 역사상 두 번째로 여성에게 줄 박사 학위를 심사하는 자리였습니다.

교황이 직접 다스리던 콧대 높은 도시 국가 볼로냐는 1088년에 유럽 최초의 대학을 세웠습니다. 유서 깊은 볼로냐 대학의 명성은 1700년대 무렵, 점차 사그라지고 있었습니다. 고민에 빠진 볼로냐 대학 관계자들은 공개된 자리에서 여성에게 학위를 준다면 큰 주목을 받을 거라고 생각했습니다. 그들은 바시의 학위 수여 장면을 용의주도하게 계획했고, 이를 십분 활용했습니다.

라우라 바시

대부분의 학자들은 여성이 남성

과 동등하게 사고하고 학문에 이바지할 수 있다고 생각하지 않았습니다. 하지만 여성의 본성과 능력에 관한 공적인 토론은 '여성 논쟁'이라는 이름으로 이전부터 활발하게 진행되고 있었지요. 1405년에 프랑스에서 활동했던 여성 작가 크리스틴 드 피장Christine de Pizan이 이 주제에 관한 산문을 쓰기 시작했을 때부터 말입니다. 어떤 남자들은 여자란 원래부터 타락한 존재여서 구원을 받으려면 집에만 머무르며 온순하고 다정하게 행동하는 연습을 하는 수밖에 없다고 말하기도 했습니다. 반대로 몇몇 여성 학자들은 여자도 교육을 받으면 공적인 영역에서 일하며 남자와 동등한 지적 능력을 발휘할 수 있다고 주장했습니다. 이러한 논쟁을 익히 알고 있던 볼로냐 대학 관계자들은 바시의 박사 학위 심사가 유럽 전역의 관심을 끌 것으로 기대했습니다.

바시의 박사 학위 심사를 위해 모인 사람들은 이미 바시가 신동이라는 사실을 잘 알고 있었습니다. 변호사였던 아버지는 최고의 선생님들을 수소문했고, 바시는 다섯 살 때부터 라틴어, 프랑스어, 산수를 배웠습니다. 열세 살 때에는 가족의 주치의에게 논리학, 형이상학, 광학을 배웠고요. 바시의 아버지는 저녁이면 학자들을 집으로 초대해서 딸이 그들과 토론할 수 있도록 자리를 마련했습니다.

볼로냐 과학 아카데미의 회원들도 바시의 집으로 토론하러 가곤 했습니다. 그리고 1732년 3월에는 바시를 아카데미의

교황 베네딕트 14세

회원으로 초청했습니다. 훗날 교황 베네딕트 14세가 되는 람베르티니 Lambertini 대주교는 바시의 총명함에 깊은 인상을 받아 평생 그를 후원하고 지지했습니다.

마침내 학자들은 바시가 박사 학위 심사를 받을 준비가 되었다고 생각했습니다. 르네상스 시대에는 박사 학위를 수여할 때 독창적인 연구 업적을 요구하지 않았습니다. 박사 학위 후보는 기존의 지식과 사상에 관해 논의할 뿐이었어요.

바시는 마흔아홉 가지 주제를 준비했습니다. 그 가운데 여섯 가지는 논리학이었고, 열여섯 가지는 형이상학, 아홉 가지는 '존재, 이성, 신, 천사의 본질'에 관한 주제였습니다. 바시의 스승은 나머지 열여덟 가지 주제를 윤리학에 관한 것으로 고르고 싶어 했지만, 바시는 물리학을 원했습니다. 일곱 명의 심사위원 앞에서 바시는 물질과 운동, 별똥별에 관해 이야기했습니다.

바시는 멋지게 성공했고 은으로 된 왕관, 북방족제비의 털로 만든 망토, 책, 가락지와 함께 박사 학위를 받았습니다. 볼로냐 시민들은 바시의 학위 수여를 축하하는 시를 썼습니다. 어느 보석상은 은과 백랍으로 된 메달을 만들어 주었지요. 바시는 성대한 저녁 만찬에 초대되었고, 10월에는 처음으로 대학에서 강의를 했습니다. 그리고 첫 강의에서 실험을 통해 관찰한 현상으로부터 자연법칙을 추론해 내는 것이 학자의 의무라고 주장했습니다.

박사 학위를 받은 직후의 떠들썩한 분위기가 사그라지자 볼로냐 시민들은 바시가 혼자 조용히 글이나 쓰며 지낼 거라고 생각했습니다. 사회적으로 용인되는 '예외적으로 뛰어난 여성'이 대개 그러했듯이 말입니다. 심지어 귀족 중에는 아기가 태어나거나 결혼을 할 때 바시에게 라틴어로 된 소네트(13세기 이탈리아에서 만들어진 시 형식-옮긴이)를 지어 달라고 부탁하는 사람도 있었습니다.

바시는 여전히 혼자서 미적분학과 물리학을 공부했지만, 과학 아카데미 모임에는 초대받지 못했습니다. 대학에서 첫 강의를 한 이후로 수업을 계속하리라고 아무도 기대하지 않았지요. 여성으로서 과분한 명예를 받았으니 이제 정숙한 독신 여성의 삶을 살 거라고 지레짐작했습니다.

1738년, 바시는 과학 아카데미의 동료 회원이자 의사인 주세페 베라티와 결혼하기로 마음먹습니다. 바시의 학문적 능력을 아낀 사람들은 바시가 잘못된 선택을 한다고 여겼습니다. 정신적 탐구 대신 여성으로서 육체적 삶에 치중하게 될 거라고 생각했기 때문입니다. 당시 사람들은 여성이 임신하거나 출산할 때 몸에 분비되는 체액이 뇌의 활동을 방해한다고 믿었거든요. 그러한 관점에서 보면 바시는 자신의 특별한 능력을 내던져 버리는 셈이었습니다. 어떤 동료는 바시에게 "당신은 자신의 명예를 스스로 더럽혔어요."라고 말하기도 했습니다. 하지만 바시의 생각은 달랐습니다. 결혼을 하면 남편과 함께 아카데미 모임에 참석하고, 최신 과학 지식을 접할 수 있을 거라고 기대했어요. 훗날 바시는 남편에 대해 "나는 나를 다른 길로 내몰지 않을 거라는 확신이 드는 사람을 선택했다."라고 기록했습니다.

바시는 아홉 명(어쩌면 열두 명)의 아이를 낳았으나 그중 아들 네 명과 딸 한 명을 남겼어요. 유아 사망률이 높은 시대에 아이를 넷이나 잃은 것이지요. 바시는 슬픔을 삼키며 집에만 머무르지 않고 대학에서 강의를 계속했습니다. 처음에는 한 학기에 한 번만 강의하다가 나중에는 해부학 강의를 맡아 정기적으로 수업을 이끌었습니다. 연봉도 점점 올랐습니다. 추기경이 된 람베르티니의 도움으로 교회가 금지한 과학 서적을 읽어도 된다는 허락도 받았습니다. 이를테면 코페르니쿠스와 케플러, 갈릴레이의 책을 말이에요.

바시는 대학에서 선호하는 이론적 연구법에 점점 불만이 커져 갔습니다. 아리스토텔레스, 갈레노스, 르네 데카르트의 이론 말고도 갈릴레오 갈릴레이, 로버트 보일, 아이작 뉴턴이 했던 새로운 실험에 대해서도 배우고 토론하고 싶었습니다.

1744년, 서른두 살의 바시는 남편 베라티와 함께 집에서 정기적으로 물리학 수업을 열기 시작했습니다. 베라티는 물리학 실험을 진행했고, 바시는 이를 이해하는 데 필요한 수학을 가르치며 수업을 이끌었지요. 시간이 흐르자 바시 부부의 집에는 최신식 물리학 실험실이 마련되었습니다. 실험실에는 그들이 사거나 선물 받거나 직접 만든 책, 논문, 렌즈, 프리즘, 전기 실험 도구 들로 가득했습니다. 바시 부부는 그곳에서 힘과 운동, 전기, 기체, 공기의 순도, 산소, 인체의 작동 원리를 가르쳤습니다. 얼마 지나지 않아 젊은 남학생들뿐 아니라 학자들도 바시의 강의를 들으러 오게 되었습니다.

1745년에 교황 베네딕트 14세는 점점 쇠퇴해 가는 볼로냐 과학 아카데미를 되살리기 위해 아카데미 안에 '베네데티니'라는 특별한 학회를 만들었습니다. 여기에 속한 과학자 스물네 명은 해마다 독창적인 연구 업적을 논문으로 하나씩 발표해야 했습니다. 학회의 회원은 모두 남자였고, 그중에는 바시의 남편인 베라티도 있었지요.

베네데티니는 직접 실험하며 연구하는 과학자들과 교류할 수 있는 절호의 기회였습니다. 바시는 지인을 통해 오래전부터 자신을 지지해 준 교황에게 편지를 보냈습니다. 스물다섯 번째 과학자로 모임에 참여할 수 있도록 도와 달라고 말입니다. 간절한 바시의 부탁은 교황의 마음을 움직였고, 마침내 바시의 참여를 허락했습니다.

레이던병으로 실험하는 모습

그로부터 31년 동안 바시는 베네데티니 학회에서 논문 서른한 편을 발표했습니다. 아이를 낳은 해에도, 몹시 아팠던 해에도 어김없이 논문을 발표했지요. 이 논문들은 거의 남아 있지 않지만, 바시가 다뤘던 논문 주제들은 오늘날에는 잘 알려져 있습니다.

바시는 물의 압력과 흐름, 습도가 높을 때 기체의 거동, 거품, 불에 대한 논문을 썼습니다. 1761년부터는 남편 베라티의 도움을 받거나 혼자서 실험한 결과를 바탕으로 전기에 대한 논문도 내놓았지요. 베라티의 논문이 대체로 서술에 그쳤던 데에 반해 바시의 논문에는 자세한 수식이 들어가곤 했습니다.

베네데티니 활동을 통해 바시의 명성은 점점 더 높아졌습니다. 바시는 이탈리아를 비롯해 유럽 전역의 과학자들과 편지를 주고받으며 논쟁했습니다. 특히 전기의 작동 원리에 관한 논쟁에 참여했을 때에는 집에 있는 실험실에서 전기에 관한 실험을 해 본 후에 학자들과 토론하기도 했지요. 벤저민 프랭클린Benjamin Franklin(미국의 정치가이자 과학자로 피뢰침을 발명하고 번개의 방전 현상을 증명함-옮긴이)의 전기 연구에 관심이 많았던 바시는 볼로냐 시에서 피뢰침 사용을 거절했을 때 몹시 실망했습니다.

바시는 젊은 학자들이 스스로 실험을 설계하고 수행할 수 있도록 도왔고, 철분이 많이 든 재를 염료로 사용하는 것을 제안하기도 했습니다. 그뿐만 아니라 화약이 터질 때의 힘을 계산하고, 유리가 산산이 부서지는 현상을 과학적으로 설명했습니다.

시간이 흐르고 바시는 볼로냐 대학에서 가장 높은 연봉을 받는 교수가 되었습니다. 1776년, 볼로냐 대학 물리학과에서 새로운 학과장을 뽑게 되었습니다. 바시는 여느 때처럼 물리학과를 이론물리학과와 실험물리학과로 분리하자고 주장했습니다. 한 행정관이 이렇게 말했습니다.

"마침내 바시 교수가 3년 넘게 요청했던 일을 들어줄 수 있게 되었습니다."

볼로냐 대학은 바시를 실험물리학과의 학과장으로, 남편 베라티를 부학과장으로 임명했습니다. 그로부터 2년 뒤에 바시가 세상을 떠나자, 베라티가 그 자리를 물려받았습니다.

바시는 과학을 직업으로 삼아 생계를 꾸린 최초의 여성이었고, 학문을 탐구하는 정식 교육 기관인 볼로냐 대학과 볼로냐 과학 아카데미에서 남성 과학자들과 동등하게 교류했습니다. 여성의 교육 기회를 옹호하며 다른 여성들에게 조언하기도 했지요. 하지만 바시는 보통 여성들이 쉽게 따라 할 수 있는 역할 모델이라기보다 '예외적으로 뛰어난 여성'에 가까웠습니다. 이유야 어쨌든 바시는 유럽에 실험물리학의 개념과 방법을 전파하는 데 중요한 역할을 했습니다. 그가 가르친 제자들도 마찬가지로 과학 발전에 크게 이바지했고요.

유럽의 계몽주의 시대

유럽의 계몽주의는 17세기 후반에서 18세기 초반 사이에 시작되었습니다. 이는 전통적인 지식보다 개인의 이성적 사고에 가치를 둔 지적 움직임이었습니다. 르네상스 시대의 학자들이 아리스토텔레스와 갈레노스 같은 그리스 로마 시대의 작가들에게 지혜를 구했다면, 계몽주의 학자들은 논리와 관찰 가능한 근거와 과학적 방법을 추구했습니다. 바시가 이론물리학보다 실험 물리학에 초점을 맞춘 것도 이러한 사고방식과 통합니다.

프랑스 《백과전서》의 속표지

레이던병의 발명

1745년부터 1746년 사이에 레이던병이 발명되자 전기 연구가 훨씬 쉬워졌습니다. 레이던병은 유리 같은 절연체의 양쪽 면에 반대되는 전하를 쌓아서 정전기를 저장하는 간단한 축전지입니다. 이 축전지에 전하를 충전하려면 마찰 기구를 빙빙 돌려야 합니다. 마찰 기구는 유리나 황으로 된 구인데, 이것이 빙빙 돌아갈 때 천이나 사람의 손을 대서 문지릅니다. 그러면 마찰 때문에 음전하들이 떨어져 나와 금속 고리나 막대를 타고 레이던병의 안쪽에 붙어 있는 얇은 금속판으로 이동합니다. 이때 레이던병의 안쪽과 바깥쪽을 연결하면 순간적으로 전기가 방전되어 눈에 보이는 불꽃이 튑니다.

18세기의 전기 실험
(로널드 K. 스멜처 제공)

5 숫자를 짜는 베틀

오거스타 에이다 바이런

Augusta Ada Byron
1815~1852

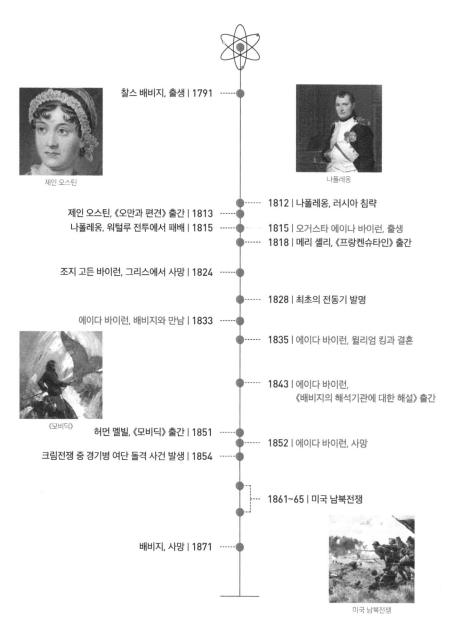

찰스 배비지, 출생 | 1791

제인 오스틴

1812 | 나폴레옹, 러시아 침략

나폴레옹

제인 오스틴, 《오만과 편견》 출간 | 1813

나폴레옹, 워털루 전투에서 패배 | 1815

1815 | 오거스타 에이나 바이런, 출생

1818 | 메리 셸리, 《프랑켄슈타인》 출간

조지 고든 바이런, 그리스에서 사망 | 1824

1828 | 최초의 전동기 발명

에이다 바이런, 배비지와 만남 | 1833

1835 | 에이다 바이런, 윌리엄 킹과 결혼

1843 | 에이다 바이런,
《배비지의 해석기관에 대한 해설》 출간

《모비딕》

허먼 멜빌, 《모비딕》 출간 | 1851

1852 | 에이다 바이런, 사망

크림전쟁 중 경기병 여단 돌격 사건 발생 | 1854

1861~65 | 미국 남북전쟁

배비지, 사망 | 1871

미국 남북전쟁

훗날 '러브레이스 백작 부인'이라 불리게 되는 오거스타 에이다 바이런은 화려하고 논란이 많은 삶을 살았습니다. 그의 아버지는 낭만주의 시인이었고, 어머니는 수학적 사고방식을 지닌 상류층 여성이었습니다. 이러한 부모 밑에서 자란 에이다 바이런은 그야말로 '시적인 과학'을 창조하고자 했습니다. 에이다 바이런은 애교가 많고 변덕스러운 성격이었지만, 똑똑하고 재주가 뛰어났습니다. 에밀리 뒤 샤틀레Émilie du Châtelet가 아이작 뉴턴의 《자연철학의 수학적 원리》를 프랑스어로 번역했던 것처럼 에이다 바이런도 천재적 남성 과학자의 발상을 보통 사람이 이해할 수 있도록 풀어 쓰는 데 열중했습니다. 어떤 사람들은 에이다 바이런을 세계 최초의 컴퓨터 프로그래머라고 평가합니다.

오거스타 에이다 바이런

1815년 1월에 시인 조지 고든 바이런George Gordon Byron은 귀족 집안의 딸인 애너벨라 밀뱅크Annabella Mibanke와 정식으로 결혼했습니다.

그리고 같은 해 12월 10일에 에이다 바이런이 태어났지요. 에이다 바이런은 둘 사이에서 태어난 유일한 자녀입니다.

아버지 조지 바이런은 자신의 아내를 '평행사변형 공주'라고 불렀어요. 어린 딸에 대해서는 '사랑스러운 아이, 비록 불행하게 태어나 발작을 겪으며 자라났지만……'이라고 표현했습니다. 이 세 가족의 불행은 애너벨라가 임신 중이었을 때 시작되었습니다.

애너벨라는 남편이 술에 취해 행패를 부리는 모습을 보고 그가 점점 미쳐 가고 있다고 생각했습니다. 게다가 남편이 배다른 누이와 근친상간 관계에 있다고 확신했지요. 에이다 바이런이 태어나고 몇 주 뒤, 애너벨라는 남편에게 이혼과 양육권을 요구했습니다. 만일 거부하면 이러한 사실을 전부 폭로하겠다며 위협했고요. 결국 조지 바이런은 1816년 4월에 영국을 떠났고, 다시는 딸을 만나지 못했습니다. 애너벨라는 남편의 광기가 딸의 인생에 나쁜 영향을 끼치지 않도록 남편의 흔적을 없애는 데 열중했고, 에이다 바이런은 스무 살이 될 때까지 아버지의 초상화조차 볼 수 없었습니다.

조지 바이런은 애너벨라에게 딸이 음악과 이탈리아어를 배웠으면 좋겠다고 편지를 썼지만 애너벨라는 딸에게 수학을 중점적으로 가르쳤습니다. 감정 기복이 심하고 격정적인 아버지에게 물려받았을지 모르는 광기를 수학으로 다스릴 수 있기를 바라면서 말입니다. 애너벨라는 딸의 가정교사를 툭하면 갈아치웠습니다. 가정교사가 없는 기간에는 직접 딸을 가르쳤지요.

애너벨라는 무척 엄격했습니다. 차분하고 다소곳이 있는 습관을 기르기 위해 딸에게 몇 시간씩 움직이지 않고 가만히 누워 있는 연습을 시켰습니다. 에이다 바이런은 네 살 때부터 잘못된 행동을 하면 뉘우칠 때까지 옷장에 갇혀 있곤 했습니다. 한번은 벌을 받은 뒤에 일기에 이렇게 적기도 했습니다.

> 내가 산수가 싫다고 말한 것은 어리석은 행동이었다. (…) 더하기는 내가 노력하면 훨씬 잘할 수 있다.

그래도 일요일은 즐거운 편이었습니다. 애너벨라는 딸에게 일요일에는 벽돌 쌓기 놀이를 하도록 허락했으니까요.

조지 바이런은 서른여섯 살에 그리스에서 독감을 앓다가 세상을 떠났습니다. 그는 항상 딸의 사진을 책상에 두고 지냈지요. 시종이 전한 그의 마지막 말은 "아, 나의 불쌍한 아이! 사랑하는 에이다, 그 아이를 볼 수만 있다면! 신이여, 에이다를 축복하소서."였습니다. 당시 여덟 살이었던 에이다 바이런은 아버지의 사망 소식을 듣고 눈물을 흘렸습니다. 하지만 아버지가 어떤 사람이었는지는 전혀 알지 못했습니다.

이듬해에 에이다 바이런은 어머니와 함께 15개월 동안 유럽을 여행했습니다. 어린 에이다 바이런은 오르간 음악과 알프스 산맥에 깊은 인상을 받았지요. 여행을 다녀온 뒤로 어머니는 에이다 바이런을 영국의 시골집에 맡겨 두고, 요양이나 자선 활동을 위한 여행을 다녔습니다. 혼자가 된 에이다 바이런의 유일한 친구는 고양이 퍼프였습니다. 열두 살이 된 에이다 바이런은 하늘을 나는 기계를 만들고 싶다는 꿈을 갖게 되었습니다. 에이다 바이런은 안쪽에 증기 기관이 있고 거대한 한 쌍의 날개가 움직이는 말 모양의 비행체를 설계했고, 조류 해부학을 공부해서 새들의 날개에 대해 알아낸 사실을 바탕으로 《비행학》이라는 책을 쓸 계획을 세웠습니다. 하지만 어머니가 편지로 공부를 소홀히 한다고 꾸짖는 바람에 방에 설치한 밧줄과 도르래를 치우고 어머니가 시키는 대로 했습니다.

에이다 바이런은 열세 살 때 홍역을 앓았습니다. 그 때문에 일시적으로 몸이 마비되었고, 3년 동안 몸져누워 있었지요. 어머니는 누워 있는 에이다 바이런에게 이 기회에 수학, 화학, 라틴어, 속기, 음악 등 폭넓은 영역을 공부하라고 권했습니다. 어머니뿐만 아니라 어머니의 세 친구가 에이다 바이런을 늘 감시했는데 에이다 바이런은 이들을 '복수의 여신 세 자매'라고 불렀습니다.

3년의 시간이 흘러 마침내 에이다 바이런은 침대에서 일어날 수 있을 정도로 회복했습니다. 오랜 시간 누워 있던 에이다 바이런은 눈에 띄게 살이 쪘고, 목발을 짚어야 겨우 걸을 수 있는 상태였어요. 그런 와중에도 에이다 바이런은 복수의 여신들의 눈을 피해 가정교사 중 한 명과 연애를 했는데, 연애 상대였던 터너 선생님은 곧바로 발각되어 해고되고 말았어요. 이뿐이 아닙니다. 에이다 바이런은 어머니의 세 친구에게 무시무시한 설교를 들어야 했습니다.

터너 선생님과 헤어진 슬픔도 잠시, 에이다 바이런은 이내 열정을 쏟을 새로운 대상을 찾아냈습니다. 바로 스페인 출신의 백작에게 기타를 배우는 일이었지요. 에이다 바이런을 향한 어머니의 열정은 식을 줄 몰랐어요. 궁정에 에이다 바이런을 소개했고, 수학 공부를 더욱 독려해 딸의 낭만적인 기질을 잠재우려 했습니다. 어머니는 수리 천문학에 관한 책을 쓴 천문학자 메리 소머빌Mary Somerville을 에이다 바이런에게 소개시켜 주었고 저명한 수학자이자 논리학인인 오거스터스 드 모르간Augustus De Morgan을 만나게 해 주었습니다. 런던의 여러 과학자들도 찾아갔습니다. 에이다 바이런의 어머니는 자유 시간이 많고 스스로 연구할 재력이 있는 과학자들을 선호했습니다. 그 가운데 한 명이 바로 에이다 바이런이 열일곱 살 때 만난 수학자이자 발명가, 기계 공학자였던 찰스 배비지Charles Babbage였습니다.

마흔두 살의 배비지는 케임브리지 대학의 수학 교수였습니다. 그는 학생들을 가르치는 일보다 기계인형, 룰렛처럼 운에 좌우되는 게임, 경제학 논쟁, 인쇄학, 기계 등에 관심이 더 많았습니다. 20여 년 전, 배비지는 손으로 계산한 로그표에는 오류가 많다며 한탄했습니다. 그는 기계로 더 정확하게 계산할 수 있는 방법을 찾아내고 싶었거든요. 1823년, 그는 정부로부터 차분기관 제작을 위한 연구비를 받았습니다. 차분기관이란 다항식 계수와 여러 가지 대수 연산을 계산하는 기계를 말합니다.

에이다 바이런이 배비지를 만난 1833년 즈음에는 높이 74센티미터의 차분기관이 만

찰스 배비지

들어지고 있었습니다. 숫자가 적힌 기어와 바퀴가 회전하는 기계였지요. 배비지는 방문객들에게 차분기관을 보여 주었습니다. 연구비는 다떨어지고 기계를 만들던 기술자와도 사이가 나빠져 아직 완성시키지못한 상태였음에도 불구하고 말이지요. 에이다 바이런은 차분기관의작동 원리와 잠재력을 이해한 몇 안 되는 방문객 중 하나였습니다. 에이다 바이런은 깊은 흥미를 가지고 배비지와 정기적으로 편지를 주고받았습니다. 그 뒤로 몇 년이 지나 이들의 서신 교환은 공동 연구로 발전했습니다.

열여덟 살이 된 에이다 바이런은 어머니와 함께 영국 북부를 방문했습니다. 그들은 그곳에서 리본 공장, 인쇄소, 양탄자 공장 등을 구경

런던 과학박물관에 전시된 배비지의 차분기관

했습니다. 에이다 바이런은 직물 공장에서 자카르 직조 기계의 무늬를 결정하는 천공카드를 눈여겨보았습니다.

한편 에이다 바이런은 어머니 친구의 두 딸에게 컴퍼스와 각도기의 사용법과 수학적 증명법의 아름다움을 가르치면서 문제를 시각화하기를 권했습니다. 덧붙여 구체적인 형상을 떠올려 책이나 다른 도구를 사용하지 않고 머릿속으로 문제를 해석하고 증명할 수 있어야 그 수학 개념을 진정으로 파악한 것이라고 일러 주었습니다.

스무 살을 갓 넘긴 1835년에 에이다 바이런은 윌리엄 킹과 결혼했습니다. 킹은 조용하고 지적인 젊은 남자였지요. 결혼하고 3년이 지나자 킹은 러브레이스 백작의 지위를 물려받았고, 에이다 바이런은 러브레이스 백작 부인이 되었습니다. 이들 부부는 아이 셋을 낳아 각각 바이런, 애너벨라, 랄프 고든이라는 이름을 붙여 주었습니다.

출산을 한 뒤에도 에이다 바이런은 계속해서 음악과 수학을 공부했고, 특히 하프와 삼각함수, 미적분학을 집중적으로 익혔습니다. 그러다 요양차 시골에 머물 때는 병약한 몸 상태가 나아지도록 말을 탔고, 도시에 머물 때에는 무도회와 오페라 극장에 자주 다녔지요.

그 무렵, 배비지는 새롭고 더 널리 활용할 수 있는 기계를 고안하고 있었습니다. 계산뿐 아니라 계산 결과를 기억하고 서로 다른 수치를 비교할 수 있는 기계였지요. 이를 '해석기관'이라고 불렀습니다.

1841년, 안락한 삶에 싫증이 나던 스물다섯 살의 에이다 바이런은 배비지의 소식에 가슴이 두근거렸습니다. 그러고는 배비지에게 장문의 편지를 썼습니다.

> 만일 제가 선생님에게 도움이 될 만한 가치와 능력을 갖고 있다면, 기꺼이 선생님을 위해 사용하고 싶습니다. (…) 선생님은 늘 저에게 친절하게 대해 주셨고, 저는 선생님을 정말 소중하게 생각하고 있습니다. 어떻게 해서든 선생님에게 받은 은혜를 꼭 갚고 싶습니다. 제가 도움이 될지 두렵고 겁이 나지만, 진심으로 선생님을 돕고 싶습니다.

며칠 뒤, 에이다 바이런은 다른 지인에게 조금 덜 겸손한 태도로 다음과 같은 편지를 써서 보냈습니다.

> 하늘이 제게 아주 특별한 지적·도덕적 임무를 맡겼다는 기분이 강하게 들어요.

이듬해 배비지는 에이다 바이런에게 그 임무를 맡겼습니다. 8년 동안 해석기관을 만들고 연구한 배비지는 이탈리아의 토리노에서 여러 공학자와 철학자를 앞에 두고 강연을 했습니다. 청중 가운데 한 사람이었던 루이지 페데리코 메나브레아Luigi Federico Menabrea(이탈리아의 공학자이자 정치가—옮긴이)는 이 강연 내용을 정리해서 잘 알려지지 않은 스위스 학술지에 실었지요. 배비지는 프랑스어로 된 이 논문을 영어로 번역하기를 원했습니다. 그래서 에이다 바이런에게 영어 번역을 맡겼고, 에이다 바이런은 기꺼이 그의 청을 받아들였습니다. 작업을 시작하고 얼마 안 있어 배비지는 논문을 번역하면서 직접 해설과 주석을 달아 보통 사람이 이해할 수 있도록 설명해 달라고 부탁했습니다. 에이다 바이런은 예전부터 사람들이 배비지의 연구 결과를 이해하지 못하는 안타까운 상황을 잘 알고 있었던 터라 흔쾌히 승낙했습니다.

1843년, 에이다 바이런이 번역한 영어판 《배비지의 해석기관에 대한 해설》이 출간되었습니다. 번역자의 이름은 '오거스타 에이다 러브레이스Augusta Ada Lovelace'의 머리글자를 따서 'A. A. L.'이라고만 적었습니다. 책의 분량은 원래 논문의 세 배가 되었습니다. 에이다 바이런은 해석기관의 작동 원리를 소개하는 데 그치지 않고, 해석기관이 할 수 있는 작업과 할 수 없는 작업의 예를 들어 설명했습니다. 어

자카르 직조 기계로 짠 자카르의 초상화 양탄자

머니 친구의 딸들을 가르칠 때처럼 시각적인 비유를 사용해 독자들이 저자의 의도를 쉽게 이해할 수 있도록 했고요.

해석기관은 대수의 무늬를 짠다. 마치 자카르 직조 기계가 천에 꽃과 잎 무늬를 짜 넣듯이.

에이다 바이런은 해석기관이 스스로 아무것도 시작할 수 없고, 무

엇이든지 우리(인간)가 실행하라고 지시할 수 있는 것만 할 수 있다고 강조했습니다. 그러고 나서 컴퓨터 프로그래밍의 몇 가지 기본 개념을 설명했습니다. 먼저 해석기관에 숫자를 비교해서 결정을 내리게 하는 조건부 갈림 개념을 설명하고, 숫자뿐 아니라 기호로 기계를 작동시키는 전략과 컴퓨터 코드를 제시했습니다. 이렇게 기호를 사용하면 해석기관이 어떤 복잡한 음악도 작곡할 수 있을 것이라고 설명했고요. 마지막으로 코드를 회귀적으로 사용하는 일이 무엇보다 중요하다고 강조했습니다. 이는 오늘날 컴퓨터 프로그래밍의 루프 개념(컴퓨터 프로그램에서 한 번만 적혀 여러 번 반복하는 부분-옮긴이)에 해당합니다.

배비지는 에이다 바이런의 초기 원고를 보고 감탄했습니다.

"이 모든 것을 직관만으로는 파악하지 못했을 겁니다. 난 해설을 읽을수록 놀라고 있습니다. 왜 진즉에 이 풍부한 광맥을 탐색하지 않았는지 후회가 되는군요."

배비지는 에이다 바이런을 '숫자의 귀재'라고 불렀습니다. 배비지는 초기 원고만으로도 충분히 만족했지만, 에이다 바이런은 한층 더 완벽하게 다듬고 싶었습니다.

해석기관의 위력을 증명하기 위해서는 수기로 풀기 어려운 문제를 해석기관이 푸는 모습을 보여 줘야겠다고 생각한 에이다 바이런은 배비지에게 베르누이 수(정수론에 자주 등장하는 유리수 수열-옮긴이)를 계산하는 복잡한 대수 연산을 가르쳐 달라고 졸랐습니다. 배비지는 실험에 필요한 대수 연산을 편지에 적어 보내 주었지요. 에이다 바이런은 배비지가 보내 준 수식에서 중요한 오류를 바로잡은 뒤, 그 연산을 해석기관에 내릴 지시어로 번역했습니다. 그리고 수행할 작업을 단계별로 구체적으로 명시했지요.

오늘날 많은 사람은 에이다 바이런이 한 이 작업을 최초의 컴퓨터 프로그램으로 인정하고 있습니다. 불행히도 배비지가 해석기관을 끝내 완성하지 못했기 때문에 이 프로그램은 이론상으로만 남았습니다.

책을 출간한 1843년은 수학자이자 과학자로서 에이다 바이런의 전성기였습니다. 그러나 책은 생각보다 널리 읽히지 않았고, 에이다 바이런도 여러 가지 병을 앓으며 의사의 진료를 계속 받아야 했습니다. 에이다 바이런의 어머니는 여전히 집안을 좌지우지했고요. 1843년 말부터 에이다 바이런은 온갖 종류의 약을 복용했습니다. 하고 싶은 연구가 많았지만 건강 상태가 좋지 않았고, 약 기운에 정신이 흐릿해져서 집중력은 현저히 떨어졌습니다. 가족이나 지인들도 에이다 바이런의 연구에 심드렁해서 계획대로 진행할 수 없었습니다.

별다른 작업을 할 수 없는 상황이 되자 에이다 바이런은 경마를 수학적으로 분석하는 데 열중하게 되었고, 경마로 진 빚을 갚으려고 보석을 전당포에 내다 팔기 시작했습니다. 건강이 나빠지

마거릿 세라 카펜터가 그린 에이다 바이런의 초상화

자 포도주를 점점 더 많이 마셨고, 이러한 개인적 경험을 바탕으로 포도주와 아편의 영향에 관한 논문을 구상했지요. 그러는 한편, 에이다 바이런은 수많은 남자와 미묘한 우정을 나누었습니다. 남편 킹은 에이다 바이런이 죽고 난 뒤 아내의 편지 수백 장을 불태워 버렸습니다.

1852년 초부터 에이다 바이런은 심한 복통을 느꼈습니다. 이제 아편과 수학만이 에이다 바이런의 유일한 위안이었습니다. 남편 킹은 자신의 아내를 이렇게 회고했습니다.

> 아내의 정신은 그를 찾아온 지적인 남자들과 어울릴 때에만 활기가 넘쳤다. (…) 그는 문제의 세세한 수학적 측면을 모두 고려했다. (…) 가장 놀라운 것은 일반화하는 능력이었다. 동시에 세심하고 정교한 분석 능력도 뛰어났기에 더욱 놀라웠다.

안타깝게도 에이다 바이런은 마지막 몇 개월 동안 아무도 만나지 못하고 딸 애너벨라와 어머니하고 지내야 했습니다. 두 사람은 에이다 바이런에게 하나님 안에서 다시 태어나고 지난날의 죄를 회개하라고 끊임없이 설득했습니다.

그해 11월, 에이다 바이런은 서른여섯 살의 나이에 자궁암으로 세상을 떠났습니다. 그로부터 128년이 지나고, 미국 국방성은 그를 기리며 새로운 컴퓨터 언어에 '에이다'라는 이름을 붙였습니다.

차분 계산하기

배비지의 차분기관은 다항식의 값을 계산하는 문제를 덧셈으로 치환할 수 있다는 사실을 이용했습니다. 다항식이란 다음과 같이 표현한 수식입니다.

$$ax^n + bx^{n-1} + cx^{n-2} + \cdots + hx + g$$

다항식의 차수는 가장 높은 지수항의 값이므로 이 다항식은 n차 다항식입니다. 차분을 계산하려면 'n + 2'개의 열이 있는 표를 만듭니다. 예를 들어 '$3x^2 + 2x + 6$'의 값을 계산하려면 열이 4개인 표를 만들면 됩니다.

x의 값	$3x^2 + 2x + 6$	1차 차분	2차 차분
0	6		
1	11	5	
2	22	11	6
3	39	17	6
4			6

이제 몇 개의 x 값에 대한 다항식의 값을 계산합니다. 그리고 1차 차분 열에는 인접한 다항식 값의 차이를 적고, 2차 차분 열에는 다시 인접한 1차 차분의 차이를 적습니다. 2차 다항식의 경우에는 2차 차분이 항상 같은 수입니다. 5차 다항식은 5차 차분이 항상 같겠지요.

이처럼 모든 n차 다항식은 n차 차분이 같습니다. 그래서 거꾸로 거슬러 올라가 다항식의 값을 구할 수 있습니다. 앞의 표에서 'x=4'일 때, 6에 17을 더하면 1차 차분 23을 얻고, 23에 'x=3'일 때의 값인 39를 더하면 62가 됩니다.

다항식에 직접 대입해 보세요. '$3(4^2) + 2(4) + 6 = 48 + 8 + 6 = 62$'입니다. 차분법 덕분에 우리는 곱셈 문제를 덧셈 문제로 치환해서 더 간단하게 계산할 수 있습니다.

자카르 직조 기계

자카르Jacquard라는 별명으로 불리는 조제프 마리 샤를Joseph Marie Charles은 프랑스의 직조공이자 발명가였습니다. 그가 만든 자카르 직조 기계는 1801년 파리 산업박람회에서 처음으로 전시되었습니다. 그는 구멍이 뚫린 천공카드를 실로 엮어 돌리며 직조 기계를 작동시켰습니다. 카드 한 장이 천의 한 줄에 해당했고, 구멍의 위치를 통해 어느 씨실을 들어올려 날실을 통과하게 할지 결정했습니다.  그리고 천공카드를 고리 형태로 연결하여 무늬가 반복되게 했습니다. 자카르 직조 기계의 천공카드는 배비지의 기관뿐 아니라 훗날 탄생할 컴퓨터를 만드는 데도 영감을 주었습니다.

6 공중보건학자와 통계학자

플로렌스 나이팅게일
Florence Nightingale
1820~1910

에이다 바이런, 출생 | 1815

플로렌스 나이팅게일, 출생 | 1820

《올리버 트위스트》

에테르 마취

나이팅게일, | 1837
유행성 독감에 걸린 가족을 간호

1839 | 찰스 디킨스, 《올리버 트위스트》 출간

이그나즈 제멜바이스, 의료진이 손을 씻으면 | 1847
출산 과정에서 세균 감염으로 인한 산모의
사망을 방지할 수 있다는 사실을 증명

1846 | 공개적인 수술 마취에
에테르를 처음으로 사용

1847 | 나이팅게일, 로마에서 시드니 허버트와 만남

1853 | 나이팅게일, 여성 요양 시설
간호부장으로 취임

존 스노우, 콜레라가 오염된 물을 통해 | 1854
퍼진다는 사실을 증명

1854 | 나이팅게일, 크림반도로 항해

1856 | 나이팅게일, 영국으로 귀국

나이팅게일, 《간호 노트》 출간 | 1859
나이팅게일 간호학교 개교 | 1860

1859 | 찰스 다윈, 《종의 기원》 출간

1868 | 영국 왕립 보건 위생
위원회 창설

클라라 바턴, 미국 적십자사 설립 | 1881

1885 | 루이 파스퇴르, 광견병 백신 개발

클라라 바턴 기념우표

나이팅게일, 사망 | 1910

루이 파스퇴르

플로렌스 나이팅게일이라는 이름을 듣고 '수학'을 떠올리는 사람은 거의 없을 것입니다. 크림전쟁에서 부상당한 병사들이 누워 있는 침대 사이로 조용히 램프를 들고 걸어가는 우아하고 자애로운 여인의 모습을 떠올리는 이들이 대부분이겠지요. 하지만 나이팅게일의 첫 번째 전기를 쓴 작가는 책의 제목을《열정적인 통계학자》라고 지었습니다. 나이팅게일은 통계학을 활용해 근거 중심의 보건 의료의 기초를 세운 선구자였습니다. 이는 간호사가 독립적인 직업 의료인으로 인정받을 수 있도록 애썼던 그의 노력만큼이나 대단한 일이었지요.

이탈리아 피렌체에서 태어난 나이팅게일은 영국의 부유한 가정에서 자랐습니다. 부모님은 나이팅게일이 좋은 집안에 시집가기만을 바랐습니다. 나이팅게일의 아버지 윌리엄은 딸들이 가정주부가 아닌 다른 직업을 가질 거라고 기대하지는 않았지만, 교육을 매우 중요하게 생각했습

플로렌스 나이팅게일

니다. 딸들이 가정교사의 수준을 넘어서자 본인이 직접 딸들에게 라틴어와 고대 그리스어, 프랑스어, 이탈리아어 그리고 화학, 지리학, 물리학, 기초 수학, 역사학까지 가르칠 정도였으니까요. 어린 나이팅게일은 새벽 세 시부터 일어나 고대 그리스어를 공부하곤 했습니다.

나이팅게일은 10대 중반이 되어서야 이웃 사람들의 가난과 질병에 대해 알게 되었습니다. 나이팅게일은 어머니나 친척 아주머니와 함께 약과 이불을 들고 병든 이웃의 집에 찾아가 침대 옆에서 그들을 위로했습니다. 그리고 오랜 질병에 시달리는 사람들의 병력에 대해 따로 기록해 두었지요. 1837년 1월, 온 가족이 유행성 독감에 시달리고 있을 때였어요. 나이팅게일은 가족의 간호사이자 가정교사, 부목사이자 의사 역할을 충실히 해냈어요. 독감 유행이 끝날 무렵, 열일곱 살의 나이팅게일은 종교적 체험을 하고 나서는 간호사가 되기로 마음먹습니다. 불행하게도 그의 가족은 간호사라는 직업을 받아들일 수 없었지만요. 훗날 나이팅게일은 그때를 회상하며 '하나님이 나에게 당신을 위해 일하라고 말씀하셨다.'라고 덧붙였습니다.

나이팅게일의 어머니 패니는 가족의 사회적 지위를 무엇보다 중요하게 여겼습니다. 언니 파르테노페는 동생이 독립적인 인생을 향해 한 걸음 내디딜 때마다 신경질을 부렸고요. 나이팅게일의 아버지 윌리엄은 가족 간에 갈등이 있을 때 어느 편도 들지 않고 가만히 뒤로 물러서 있었습니다. 순종적인 딸이었지만 강한 종교적 신념을 지녔던 나이팅게일은 가족 구성원으로서의 의무와 고귀한 소명 사이에서 고민에 빠졌습니다. 나이팅게일은 자신의 미완성 소설 《카산드라》에서 당시의 절망감을 다음과 같이 표현했습니다.

> 왜 여성은 열정과 지성과 도덕성을 갖췄음에도 이 세 가지 중 어느 것도
> 발휘할 수 없는 사회적 위치에 있을까?

20대 시절의 나이팅게일은 이러한 제약에 분노하면서도 부유한 중산층 여성에게 요구되는 삶을 살았습니다. 그는 가족과 함께 유럽의 곳곳을 여행하며 시간, 거리, 법, 관습 등에 관한 통계를 계속 기록했습니다. 여행을 마치고 영국으로 돌아오자 나이팅게일에게 구혼자 두 명이 나타났습니다. 나이팅게일은 몇 년 동안 하나님의 음성을 듣지 못했습니다. 자신이 하나님을 위해 일할 자격이 없다고 확신한 나이팅게일은 자주 정신을 잃어버린 것처럼 멍한 상태에 빠지곤 했지요. 나이팅게일은 이러한 상태를 '위험한 몽상'이라 불렀습니다.

나이팅게일은 자신이 결혼과 육아로는 절대 만족할 수 없다는 사실을 깨닫고, 병원에서 일하며 간호학의 기초를 배우겠다는 계획을 세웠습니다. 그의 가족은 경악했습니다. 당시 병원은 매우 더럽고 악취를 풍기는 곳이었어요. 간호사들은 늘 술에 취해 있었고 천박한 행동을 일삼았지요. 외과 의사들은 당연하다는 듯이 간호사에게 성 접대를 요구했고요. 가족의 극심한 반대에 부딪힌 나이팅게일은 아무런 반항도 하지 못하고 우울증에 걸렸습니다. 그는 친구에게 보낸 편지에 이렇게 썼습니다.

난 아무것도 못할 거야. 난 아무것도 아니야. 먼지만도 못해. (…) 이 지긋
지긋한 삶을 날려 버릴 강력한 무언가가 나타났으면 좋겠어.

1847년, 중년의 브레이스브리지 부부는 상심한 나이팅게일을 데리고 로마로 떠났습니다. 그곳에서 나이팅게일은 영국의 전 육군 장관이자 훗날 다시 육군 장관이 될 시드니 허버트Sidney Herbert를 만납니다. 나이팅게일의 인생에서 가장 중요한 만남이었지요. 나이팅게일이 훗날 크림반도로 갈 수 있었던 것도 허버

시드니 허버트

트의 중재 덕분이었고, 나이팅게일이 개정한 위생 관련 규칙이 법으로 제정될 수 있었던 것도 허버트의 공이었기 때문입니다.

집으로 돌아와 다시 지루하고 무의미한 나날을 보내던 나이팅게일은 혼자서라도 병원에 대해 공부해야겠다고 마음먹었습니다. 그러고는 유럽 전역의 환자와 병원에 관한 보고서를 모아 분석했습니다. 바쁜 일상을 보내던 나이팅게일에게 또 다른 시련이 찾아왔습니다. 정치인이자 시인인 동시에 작가들의 후원자였던 리처드 몽크턴 밀른스가 나이팅게일에게 청혼한 거예요. 나이팅게일은 혼란스러웠습니다. 지적이고 공감 능력도 뛰어난 밀른스는 분명 매력적인 남편감이지만 그를 받아들일 자신이 없었거든요. 나이팅게일은 결국 그의 구혼을 거절했지요. 나이팅게일의 가족은 크게 실망했고, 나이팅게일은 그때를

다음과 같이 회고했습니다.

> 나는 정신적인 가치를 중요하게 생각하며 활동적인 사람이다. 나에게는
> 하고 싶은 일이 있다. (…) 한 남자의 아내가 되어 가정을 돌보는 삶만으로
> 는 도저히 만족할 수 없다. (…) 하지만 평범하고 풍요로운 인생을 살아갈
> 수 있는 기회를 스스로 포기하는 것은 자살 행위나 다름없다.

정신적으로 무너지기 일보 직전이었던 나이팅게일은 브레이스브
리지 부부와 함께 이집트로 떠났습니다. 그리고 그곳에서 나이팅게일
은 다시 하나님의 음성을 듣게 됩니다.

"세상의 명예를 얻지 못해도 나를 위해 일하겠느냐?"

하나님의 물음에 나이팅게일은 그렇게 하겠다고 대답합니다. 나
이팅게일은 아테네에서 잠깐 앓아누웠다가 회복한 뒤에 독일로 가 평
소에 방문하고 싶었던 카이저스베르트에서 2주 동안 머물렀습니다.

카이저스베르트는 어느 루터교 목사가 세운 기관으로 고아원과
소년원과 병원이 한데 모여 있었습니다. 뿐만 아니라 힘든 처지에 있
는 사람들을 돌보고 싶어 하는 여성에게 교육 기회를 제공했습니다.
이곳에서 깊은 감명을 받은 나이팅게일은 카이저스베르트와 그곳에
서 이루어지는 활동에 관한 소책자를 써서 출간했습니다.

수개월이 지나 나이팅게일은 집으로 돌아왔어요. 가족은 여전히
그가 하고 싶어 하는 일에 반대했고, 나이팅게일의 머릿속은 죽고 싶
다는 생각으로 가득했습니다.

"서른한 살의 나이에 내가 바라는 건 죽음뿐이구나. 대체 왜 나는 수많은 사람이 만족하는 삶에 만족하지 못하는 걸까?"

마침내 나이팅게일은 자기 목소리를 내기 시작했습니다. 언니 파르테노페는 칼스배드(체코의 온천 휴양지-옮긴이)로 3개월 동안 요양을 떠날 예정이었습니다. 나이팅게일은 언니가 없는 사이에 카이저스베르트로 가서 간호 일을 배우겠다고 선언했습니다. 두 사람 사이에 날카로운 언쟁이 벌어졌습니다. 파르테노페는 신경질을 부렸고, 나이팅게일은 분을 참지 못해 기절하기까지 했지요. 결국 나이팅게일은 자신의 의지대로 카이저스베르트를 향해 떠났습니다.

카이저스베르트의 생활은 엄격했지만 즐거웠습니다. 교육생들은 동이 트기도 전에 일어나 죽과 수프, 야채만 먹고 온종일 일했습니다. 병원은 더러웠고 교육 내용도 변변치 않았지만 그곳에 있는 모든 사람이 헌신하는 자세로 임했습니다. 나이팅게일은 언니에게 자신의 안부를 편지로 써서 보냈습니다.

이게 바로 삶이야. 이제야 산다는 것, 삶을 사랑한다는 것이 무엇인지 알겠어.

하지만 나이팅게일의 어머니와 언니는 수치스럽다는 듯 나이팅게일이 어디에 있는지 다른 사람에게 알리지 않았습니다.

3개월이 지난 뒤에 나이팅게일은 집으로 돌아갔고, 다시 예전과 같은 생활이 시작되었습니다. 아버지와 노쇠한 고모할머니를 간호했을 뿐, 그 이상의 활동은 없었지요.

그러던 어느 날, 나이팅게일에게 기회가 찾아왔습니다. 1853년, 런던 여성들의 자선 모임에서 여성 요양 시설을 만들면서 간호부장을 모집했는데 지인의 추천으로 나이팅게일이 합격한 것입니다. 온 가족이 결사반대하며 소리를 지르고 심지어 어머니가 실신했지만, 나이팅게일은 뜻을 굽히지 않았어요. 결국 아버지는 딸의 뜻을 받아들이고 매년 500파운드의 생활비를 지원해 주기로 했습니다.(오늘날로 치면 약 5,000만 원쯤 되는 돈입니다.)

그로부터 14개월 동안 나이팅게일은 여성 요양 시설에서 매우 열정적으로 일했습니다. 할리가 1번지에 있는 주택 건물을 개조해 환자가 편안하게 머무를 수 있도록 꾸미고, 환자에게 무슨 일이 생기면 도움을 요청할 수 있도록 벨을 설치하는 혁신적인 시도도 했지요. 그리고 간호사를 더 모집했으며, 종교에 관계없이 모든 여성 환자를 받아야 한다고 주장했습니다. 코번트 가든 시장에서 싱싱한 채소를 샀고, 운영 위원회와 논의를 계속했으며 밤마다 환자들의 발을 주물러 주었습니다. 모든 환자가 나이팅게일을 좋아했지만, 그곳은 나이팅게일의 열정을 감당하기에는 규모가 너무 작았습니다.

나이팅게일은 휴직계를 내고 유행성 콜레라 환자가 많은 미들섹스 병원으로 갔습니다. 환자 중에는 가난한 창녀와 알코올 중독자도 있었습니다. 이후 나이팅게일은 킹스 칼리지 병원의 간호부장으로 지원해 간호사 교육 프로그램을 정비하겠다는 포부를 밝혔지요.

1854년 3월, 영국과 프랑스가 크림전쟁에 참여하면서 나이팅게일의 계획도 바뀌게 됩니다. 수천 명의 영국 군인들이 오스만제국의 군인들을 돕기 위해 배를 타고 흑해로 향했습니다. 많은 병사가 좁은 공간에 모여 생활하다 보니 콜레라 같은 전염병이 창궐했지요. 유난히 사상자가 많았던 알마 전투가 끝나자마자 런던의 일간지 〈타임스〉는 영국 군대가 아픈 병사들을 제대로 돌보지 못하고 있다고 폭로했습니다. 〈타임스〉의 보도로 전쟁의 참상을 접한 시민들은 곧바로 전쟁 군인들을 위한 후원금을 모았습니다. 그해 10월 중순, 육군 장관에 오른 허버트가 나이팅게일을 불러 간호사들을 이끌고 크림전쟁 현장으로 가 달라고 부탁했습니다.

나이팅게일은 전혀 망설이지 않았습니다. 10월 21일, 나이팅게일은 〈타임스〉의 후원금을 들고 그의 고모인 마이 스미스와 로마 가톨릭 수녀들을 포함한 여자 간호사 서른여덟 명과 함께 배에 탔습니다. 허버트는 의료 용품을 '넉넉히' 보내 놓았다고 말했지만, 나이팅게일은 만일에 대비해 후원금의 일부로 휴대용 난로 등 간호에 필요한 물품을 따로 준비해 두었지요. 나이팅게일과 간호사들이 탄 배는 돌풍을 뚫고 항해한 끝에 크림반도의 바다 건너편에 있는 스쿠타리(현재 터키 이스탄불의 위스퀴다르-옮긴이) 병원에 도착했습니다.

병들고 부상당한 병사들이 낡은 막사에 머물고 있었습니다. 탁자는 물론 조리 도구도 없었고, 물은 하루에 환자 1인당 0.5리터만 허용되었습니다. 막사 안에는 쥐가 돌아다녔으며 축축하고 습했습니다. 변소는 막혔고 하수도는 넘쳤습니다. 허버트가 보냈다는 넉넉한 의료 용

스쿠타리 병원

품은 오지 않았고요.

　나이팅게일은 두 팔을 걷어붙이고 상황을 개선하기 위해 나섰습니다. 부엌을 다시 정비해 제대로 된 음식을 만들게 했고, 간호사들을 교육하고 훈련시켰습니다. 허버트가 보낸 의료 용품을 빨리 보내 달라고 조달업자와 싸우기도 했고요. 근처에 있는 주택을 임대해 보일러를 설치했고, 병원 세탁실에 병사의 아내들을 고용했지요. 나이팅게일이 동분서주로 뛰어다닌 덕분에 병원 환경은 조금씩 나아졌습니다. 실제로 나이팅게일이 스쿠타리 병원에 파견된 첫해 겨울에는 4,000명이 넘는 병사들이 열병으로 죽었습니다. 하지만 영국에서 파견된 지원 인력이 하수도를 청소하고 환기 시설을 설치하자 병사들의 사망률은 입원 환자의 50퍼센트에서 10퍼센트로 줄어들다가 2퍼센트 수준으로 크게 떨어졌습니다. 물론 봄이 시작되면서 날이 따뜻해지고, 병원이 덜 붐비게 된 점도 한몫했을 것입니다.

스쿠타리 병원이 제자리를 잡자, 나이팅게일은 바다 건너 크림반도에 있는 병원들을 둘러보았습니다. 그는 병원 세 군데를 방문했고, 세바스토폴의 참호 속에서 병사들은 크게 환호했습니다. 그러나 그곳에 머문 지 2주 만에 나이팅게일은 열병에 걸리고 맙니다. '크림 열병'이라 불리던 병이었는데, 아마도 브루셀라증brucellosis이었을 것으로 짐작됩니다. 나이팅게일은 자그만치 아흐레를 앓아누워 있다가 잔뜩 여위고 쇠약해진 상태로 스쿠타리 병원에 돌아갔습니다. 그곳에서 몸을 회복하는 동안에 나이팅게일은 편지를 쓰거나 병사들의 정신적 안정을 위해 힘썼습니다. 도서관을 만들었고, 글을 읽지 못하는 병사에게 교사를 연결해 주었습니다. 군에서 번 돈을 술로 탕진하지 않고 집에 보낼 수 있는 절차도 마련해 주었지요. 하지만 다시 병사들을 간호하기에 너무 쇠약해진 상태였습니다.

1856년에 크림전쟁이 끝나고, 나이팅게일은 21개월 만에 영국으로 돌아갔습니다. 사람들은 그를 성인처럼 추앙하며, 초상화를 그리고 시를 썼지요. 나이팅게일은 사람들의 관심을 피해 시골로 가는 기차를 타고 들판을 가로질러 집까지 걸어갔습니다. 덕분에 이날은 소란을 피할 수 있었지요. 하지만 이튿날이 되자 나이팅게일의

나이팅게일의 동상

도착을 알리는 교회 종소리가 온 마을에 우렁차게 울려 퍼졌습니다.

전쟁이 끝났음에도 나이팅게일의 눈에는 스쿠타리 병원에서 보낸 첫해 겨울에 상처가 아물지 않은 병사들이 무더기로 죽어 가던 모습이 어른거렸습니다. 나이팅게일은 군의 의료 체계를 개혁할 방안을 추진하지 않고는 편히 쉴 수 없었습니다. 그러던 중에 기회가 찾아왔습니다. 영국의 빅토리아 여왕이 스코틀랜드로 그를 초대한 것이었습니다. 그들은 편안하게 대화를 나누었고, 빅토리아 여왕과 남편 앨버트 대공은 나이팅게일의 굳은 의지에 감탄했습니다. 대화 중에 "육군성에 나이팅게일을 데려오면 좋으련만."이라고 말한 여왕은 나이팅게일의 제안을 검토하고 실현하기 위해 왕립 위원회를 열었습니다.

나이팅게일은 여성이라는 이유로 왕립 위원회에 정식으로 참여할 수 없었습니다. 다행히 허버트가 왕립 위원회 위원장으로 선임되어 나이팅게일을 대변해 줄 수 있었습니다. 그 외에도 새 육군 장관과 협상해 자신의 뜻을 펼쳐 줄 사람들을 위원회에 들어가게 했고요.

왕립 위원회의 첫 번째 회의가 열리기까지 6개월이 걸렸습니다. 나이팅게일은 초조해하지 않고 묵묵히 관련 자료를 모았고, 크림전쟁에서의 사망 원인을 철저하게 조사했습니다.

나이팅게일은 사람들을 설득하기 위해 통계 분석을 바탕으로 쓴 보고서와 제안서를 이용했습니다.

"하나님의 뜻을 이해하려면 통계를 알아야 한다. 통계 수치야말로 하나님의 의도를 드러내기 때문이다."

나이팅게일은 사회통계학자인 아돌프 케틀레Adolphe Quetelet와 편지를 주고받으며 통계학적 접근법을 가다듬었습니다. 그리고 의사이자 통계학자인 윌리엄 파William Farr와 함께 공식 문서들을 찬찬히 읽어 나가면서 표와 그래프를 만들었습니다. 그러면서 발견한 사실 중 하나는 스쿠타리 병원의 초기 사망률이 전선의 다른 병원들보다 월등히 높다는 점이었어요. 당시 스쿠타리 병원은 다른 병원들보다 물자가 풍부하면 풍부했지 모자라지 않았는데 말입니다. 심지어 나이팅게일이 음식과 깨끗한 침대보와 환자복을 가져간 뒤에도 말이지요. 나이팅게일은 그 원인을 찾는 데 집중했고, 집요하게 추적해 원인을 찾아냈습니다. 스쿠타리 병원은 오수를 모아 둔 구덩이 위에 세워진 병원이었습니다. 그래서 하수가 식수원으로 흘러들었던 것입니다. 객관적인 통계 분석 자료들을 철저히 훑어본 뒤에 다다른 결론이었습니다. 이후 평생 동안 나이팅게일은 위생을 공중 보건 활동의 최우선 목표로 삼았습니다.

크림전쟁 사망자 대부분이 전쟁에서 싸우다 죽은 게 아니라 병으로 죽었다는 사실을 보여 주기 위해 나이팅게일은 데이터를 표현하는 새로운 방법을 개발했습니다. 원그래프를 응용해 만든 면적그래프였지요. 그림 하나에 세 가지 특성을 나타낼 수 있어서 사망 시기와 원인, 사망자 수를 한꺼번에 보여 줄 수 있었습니다. 나이팅게일은 자신이 만든 그래프를 '고깔모자'라는 별칭으로 부르기도 했습니다.

나이팅게일을 돕던 통계학자 윌리엄 파는 통계란 단순해야 한다고 생각해서 나이팅게일의 방식에 회의적이었어요. 하지만 나이팅게일은 면적그래프를 사용하면 수학을 전혀 모르는 사람도 내용을 이해

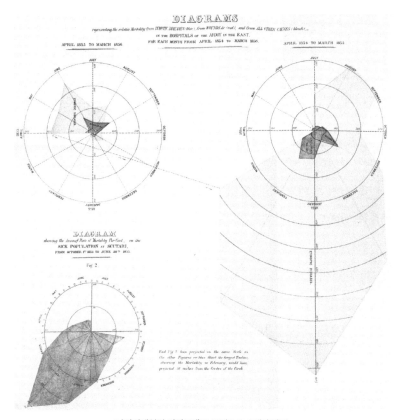

나이팅게일의 면적그래프 (로널드 K. 스멜처 제공)

하는 데 도움이 될 거라고 믿었습니다.

　나이팅게일은 자신과 뜻을 같이한 위원회 사람들을 만나 계속해서 조사 결과를 보고하고 위원회의 공식 발표를 준비했습니다. 위원회 모임 장소에서 가까운 벌링턴 호텔에서 지내며 아파서 쓰러질 때까지 일했습니다. 너무 심하게 앓아서 온 가족이 그의 생사를 걱정할 정도였지요.

이윽고 왕립 위원회에서 600쪽에 다다른 보고서가 완성되었습니다. 사실 나이팅게일이 직접 쓴 진술서는 30쪽에 지나지 않았어요. 그러나 보고서 내용은 그가 수집하고 분석한 자료를 바탕으로 쓰였습니다. 보고서에 따르면 군 의료 부서에 통계병을 충원하고, 군 소속의 의과대학을 신설해야 한다고 주장했습니다. 남녀 간호병을 충원하고, 막사에서 생활하는 병사를 위한 위생 관리와 식사가 제공되어야 할 뿐 아니라 건전한 여가 활동 등이 이루어져야 한다고 했지요. 보고서를 제출한 뒤에도 나이팅게일은 자신의 뜻이 관철될 때까지 관계자들을 설득했습니다.

이후 나이팅게일은 인도에 주둔한 영국 군대의 복지 현황으로 눈길을 돌렸습니다. 그러면서 인도의 전반적인 보건 의료 현황도 분석하는 동시에 영국의 모든 병원을 대상으로 자료를 모았습니다.

나이팅게일은 병원 운영자들을 대상으로 통계야말로 올바른 행정적 판단을 위한 최고의 도구라고 설득했어요. 그는 병원에서 직접 자료를 수집할 수 있는 표준 통계 서식을 만들었고, 1860년 국제 통계 학회에서 그 가치를 인정받았습니다. 그러나 몇 년이 지나고 나서 런던의 병원들은 비용과 시간이 소모된다는 이유로 나이팅게일의 서식을 폐기했습니다.

나이팅게일은 군 의료 체계 개혁을 위해 왕립 위원회에서 일하며 건강을 잃었고 다시는 회복하지 못했습니다. 그는 1857년부터 세상을 떠날 때까지 집에서만 지냈으며 가슴 두근거림과 메스꺼움, 우울, 불면, 허약, 과민 등의 증상을 보였습니다. 이러한 증상들은 원인이 다양해서 어느 질병에서 비롯되었다고 구분할 수 없었어요. 당시 의사들은 스트레스와 과로 때문이라고 말했습니다. 나중에 몇몇 전기 작가는 나이팅게일이 가족이나 달갑지 않은 방문객에게 시간을 빼앗기지 않기 위해 꾀병을 부렸다고 짐작하기도 했지요.

나이팅게일은 1861년부터 극심한 허리 통증을 겪기 시작했습니다. 그 증세는 만성 브루셀라증에서 흔히 나타나는 척추염 증상과 일치했는데, 나이팅게일이 오랫동안 앓았던 이유가 '크림 열병'의 후유증이라고 보는 시각도 있습니다.

그럼에도 불구하고 나이팅게일은 다른 사람보다 훨씬 많은 일을 해냈습니다. 평생에 걸쳐 수많은 책과 보고서, 소책자, 논설문, 종교철

성 토마스 병원에 있는 빅토리아 양식의 여섯 탑

학 문서 그리고 1만 4,000통 이상의 편지를 썼지요. 나이팅게일은 잠을 줄이고 방문객은 30분 단위로 미리 약속을 잡아 제한했습니다. 곧 죽음이 다가올 거라는 생각 때문인지 더욱 서둘러 일했습니다. 탁월한 설득력과 함께 아이디어를 현실화하는 능력을 갖추었던 나이팅게일은 병원을 설계하고, 간호학 교재를 쓰고, 성 토마스 병원에 소속된 나이팅게일 간호학교의 설립을 추진했습니다.

나이팅게일은 왕립 통계학회 회원으로 선출된 첫 번째 여성이었고, 영국에서 일반 시민에게 수여하는 가장 명예로운 훈장인 메리트 훈장을 받은 첫 번째 여성이었어요. 하지만 나이팅게일이 스스로 가장 명예롭게 생각한 것은 따로 있습니다. 개혁을 통해 병원 체계가 개선되고, 영국 군인들이 더 건강하게 지낼 수 있는 군 의료 부서에 통계실이 신설된 거예요. 가정과 병원의 위생 상태가 나아지고, 인도 사람들의 굶주림이 줄어든 것은 말할 것도 없습니다. 그뿐만 아닙니다. 나이팅게일은 간호사를 하나의 독립적인 직업으로 인정받을 수 있도록 힘썼습니다. 덕분에 간호사들이 직업과 업무를 스스로 관리할 수 있게 되었지요. 나이팅게일이 아흔 살의 나이로 조용히 세상을 떠날 무렵, 그가 젊은 시절에 열정적으로 추진했던 일들은 거의 다 열매를 맺었습니다.

나이팅게일은 이 책에 나오는 수많은 여성 과학자 중에서도 매우 독특한 인물입니다. 그는 아무리 능력이 뛰어나도 여성이라는 이유로 인정받지 못하는 사회에서 살아가는 고통을 누구보다 잘 표현했습니다. 자신이 원하는 일을 하기 위해 오랫동안 가족과 힘겹게 싸웠고, 마침내 자유를 얻었지요. 나이팅게일은 크림전쟁에 파견되어 병사들을 지킨 헌신적인 인물로 알려졌지만, 그의 진정한 재능은 정치와 행정 분야에서 발휘되었습니다. 굳은 의지와 날카롭고 분석적인 태도로 자신의 뜻을 펼쳤지요. 나이팅게일은 현대 간호학의 창시자입니다. 그러나 그 전에 객관적인 근거 자료에 입각한 과학적 보건 의료의 기초를 세우는 데 공헌한 인물이라는 것도 반드시 기억해야 합니다.

크림전쟁

크림전쟁은 1853년 10월, 오스만제국이 러시아에 전쟁을 선포하며 시작되었습니다. 표면적으로는 예루살렘 성지를 둘러싼 기독교인들의 주도권 싸움이었으나 실질적인 원인은 쇠퇴한 오스만제국의 땅을 빼앗고 흑해 지역을 차지하려는 러시아를 견제하기 위해서였습니다. 영국, 프랑스, 사르디니아공국이 오스만제국의 편에 서서 싸웠습니다. 그들은 맹렬한 전투 끝에 러시아의 세바스토폴 해군 기지를 점령했습니다. 1856년 3월, 러시아가 평화 협정을 요청했습니다.

크림전쟁이 특별한 또 다른 이유는 기자들이 전쟁터로 나아가 객관적 기록물을 남긴 첫 번째 전쟁이었다는 것입니다. 크림전쟁을 겪고 영국에서는 군대와 의료 체계를 현대화하자는 목소리가 높아졌습니다.

브루셀라증

파상열이라고도 부르는 브루셀라증은 크림전쟁 중에 처음으로 기록된 세균 감염병입니다. 감염된 염소나 소에게서 나온 비非살균 우유, 연성 치즈, 덜 익힌 고기를 먹으면 감염됩니다. 초기에는 고열과 식은땀, 관절통, 근육통 등의 급성 증상을 보입니다. 항생제를 쓰지 않은 경우에도 일단 진정이 되어 회복된 것처럼 보이지만 척추염, 두통, 관절통, 식은땀, 만성 피로, 우울증 등의 증상이 계속되어 평생 고통받게 됩니다. 나이팅게일도 평생 척추염으로 고생했습니다.

7 다른 문을 통해

메리 퍼트넘 저코비

Mary Putnam Jacobi

1842~1906

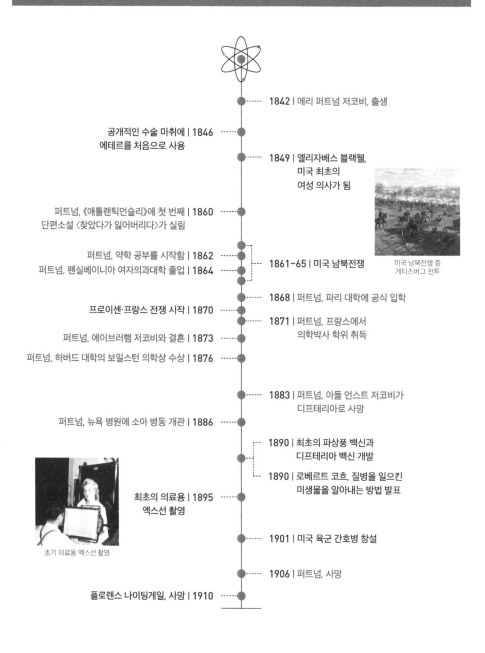

1842 | 메리 퍼트넘 저코비, 출생

공개적인 수술 마취에 | 1846
에테르를 처음으로 사용

1849 | 엘리자베스 블랙웰,
미국 최초의
여성 의사가 됨

퍼트넘, 《애틀랜틱먼슬리》에 첫 번째 | 1860
단편소설 〈찾았다가 잃어버리다〉가 실림

퍼트넘, 약학 공부를 시작함 | 1862
퍼트넘, 펜실베이니아 여자의과대학 졸업 | 1864

1861~65 | 미국 남북전쟁

미국 남북전쟁 중
게티즈버그 전투

1868 | 퍼트넘, 파리 대학에 공식 입학

프로이센·프랑스 전쟁 시작 | 1870

1871 | 퍼트넘, 프랑스에서
의학박사 학위 취득

퍼트넘, 에이브러햄 저코비와 결혼 | 1873

퍼트넘, 하버드 대학의 보일스턴 의학상 수상 | 1876

1883 | 퍼트넘, 아들 언스트 저코비가
디프테리아로 사망

퍼트넘, 뉴욕 병원에 소아 병동 개관 | 1886

1890 | 최초의 파상풍 백신과
디프테리아 백신 개발

1890 | 로베르트 코흐, 질병을 일으킨
미생물을 알아내는 방법 발표

최초의 의료용 | 1895
엑스선 촬영

초기 의료용 엑스선 촬영

1901 | 미국 육군 간호병 창설

1906 | 퍼트넘, 사망

플로렌스 나이팅게일, 사망 | 1910

메리 코리나 퍼트넘Mary Corinna Putnam(결혼 전 이름-옮긴이)은 1842년 8월 31일에 영국 런던에서 출판사를 운영하는 조지 퍼트넘George Putnam과 그의 어린 프랑스인 아내 빅토린 퍼트넘Victorine Putnam의 맏딸로 태어났습니다. 가족들은 퍼트넘을 '미니Minnie'라는 애칭으로 불렀습니다. 퍼트넘이 어릴 때 그의 가족은 바닷바람이 불어오는 초원의 삶을 꿈꾸며 미국 뉴욕의 스태턴섬으로 이주했습니다. 퍼트넘과 형제들은 자연을 벗삼아 자유롭게 뛰어놀았습니다. 퍼트넘은 때때로 남동생들을 따라 물구나무도 서 보고, 죽은 쥐를 해부하겠다며 나서기도 했지요. 장난을 치다가 방에 갇히는 벌을 받을 때도 있었습니다. 그럴 때면 퍼트넘은 발코니에 서서 바다 위를 떠가는 배들을 바라보았습니다. 퍼트넘의 부모는 자식들을 끔찍하게 아끼고 사랑했습니다. 어머니는 자식들에게 프랑스어와 산수, 음악을 직접 가르칠 정도였지요. 한번은 퍼트넘이 바다에서 헤엄을 치다 물에 빠

의학박사 메리 퍼트넘 저코비
(웰컴 컬렉션 제공)

진 적이 있었습니다. 허우적거리는 퍼트넘을 지나가던 일꾼이 구해 줬는데, 이튿날 퍼트넘의 아버지는 그를 불러 자신의 딸을 구해 준 사례로 은시계를 선물했지요.

어린 시절, 또래보다 조숙했던 퍼트넘은 반드시 자신의 이름을 세상에 남기겠다고 다짐했습니다. 열 살 때 퍼트넘은 일기장에 이렇게 썼습니다.

막연한 열망에 시달리고 있다. 나는 위대하고 명예로운 일을 상상한다. 하지만 그런 환상은 스쳐 지나가는 꿈처럼 사라지고 진흙탕 같은 현실만 남는다. 나는 위대해질 것이다. 대단한 행적을 남길 것이다.

퍼트넘이 위대해지겠다는 자신의 열망을 일기장에 쓴 지 얼마 되지 않아, 퍼트넘의 가족은 뉴욕 시내로 이사했다가 뉴욕 남동부에 위치한 용커즈라는 도시에 정착했습니다. 그 무렵 퍼트넘가의 아이들은 일곱 명으로 늘어나 있었습니다. 그중에 나이가 많은 아이들은 가정교사에게 라틴어를 배웠습니다. 퍼트넘은 이웃에 사는 아이들과 함께 토론 동아리를 만들었지요. 퍼트넘은 책을 읽거나 토론에서 이기는 것을 매우 좋아했습니다. 학구적으로 변해 가던 퍼트넘은 들판에서 뛰놀던 어린 시절이 끝나는 게 두렵기도 했습니다.

예의라는 딱딱한 울타리가 나를 가둔다. 내 마음은 아직 어리지만 이제 어린이의 유치한 습관을 버리고 어른이 되어야 한다. 나의 열두 번째 생일이 다가오고 있기 때문이다.

퍼트넘은 10대 초반이 되어서야 학교에 다니기 시작했습니다. 진보적인 여학교였지만 퍼트넘에게는 지루했습니다. 퍼트넘은 무언가 도전할 만한 것이 없을까 궁리하다가 소설을 쓰기 시작했고, 열여덟 살 때에는 《애틀랜틱먼슬리》라는 잡지에 단편소설 〈찾았다가 잃어버리다〉가 실려 상금을 받기도 했습니다. 퍼트넘의 아버지는 상금을 금화로 바꿔 퍼트넘에게 선물했습니다.

어떻게 하면 품위 있고 명예로운 삶을 살 수 있을까 고민하던 퍼트넘은 종교에서 해답을 찾아보기로 했습니다. 퍼트넘의 할머니는 그에게 구원에 대해 생각해 보라고 조언했고, 퍼트넘은 자신의 오만함과 사악함을 성찰하는 데 집중했습니다. 침례교인이 된 퍼트넘은 자신의 성격적 결함을 분석하는 긴 편지를 쓰기도 했습니다.

퍼트넘이 스물한 살이 되던 해, 스물다섯 살의 젊은 목사가 익사하는 사고가 생겼습니다. 이 사건을 계기로 퍼트넘의 종교적 신념은 크게 흔들렸습니다. 그에게 떠오른 수많은 의문을 할머니는 해결해 줄 수 없었지요. 결국 퍼트넘은 교회와 연을 끊었습니다.

여학교를 졸업한 퍼트넘은 고대 그리스어 개인 교습을 받았고, 동생들에게 공부를 가르치며 여학교에서 교사로 일했습니다. 더 많은 것을 배우고 싶었던 퍼트넘은 뉴욕 약학대학에 들어가기로 마음먹었습니다. 늦은 나이에 공부를 시작한 퍼트넘은 개인 교습까지 받으며 과학 공부에 매진했어요. 그 결과, 이듬해에는 학위를 받을 수 있었지요.

약학대학을 졸업한 퍼트넘은 의과대학으로 진학하고 싶었습니다. 그의 아버지는 총명한 맏딸을 무척 사랑했지만 이를 쉽게 받아들이지 못했습니다. 퍼트넘의 아버지는 딸에게 공부를 미루고 어머니를 도와 열세 명으로 늘어난 어린 동생들을 돌본다면 1년에 250달러의 수고비를 주겠다고 제안했지요. 그런데 갑자기 예상치 못한 일이 벌어졌습니다. 남북전쟁에 참전해 뉴욕 제176연대 소속으로 뉴올리언스에 주둔하고 있던 남동생 헤이븐이 고열에 시달리고 있다는 소식이 전해진 거예요. 오랜 전쟁으로 말라리아에 걸렸던 모양입니다. 퍼트넘은 곧바로 뉴올리언스로 가서 남동생을 간호했습니다. 당시 병사를 간호하는 일은 육군 업무에 속했기 때문에 준공무원이 된 퍼트넘은 '진실하고 충성스러운 시민'의 모든 의무를 다할 것을 맹세했습니다. 퍼트넘은 그 맹세를 하면서 여성인 자신에게 시민으로서 의무는 있고, 투표할 권리가 없다는 것을 알았습니다. 그리하여 시민의 의무에는 투표할 의무도 포함되어 있다고 신랄하게 지적했는데, 미국에서 여성이 투표권을 얻은 것은 이로부터 수십 년이 지난 뒤였습니다.

남동생이 무사히 회복한 뒤에 집으로 돌아온 퍼트넘은 미국 여성을 위한 최초의 의과대학인 펜실베이니아 여자의과대학에 입학했습니다. 퍼트넘의 아버지는 다음과 같이 편지를 썼습니다.

딸아, 내가 너의 재능을 자랑스러워하고, 내키지는 않지만 의학 공부에 너의 재능을 쏟는 일도 응원한다는 걸 알 것이다. 하지만 정신력이 강한 여성들에게 휩쓸리지 마라. 그들 때문에 너의 자유의지와 독립성이 더욱 강해지지 않게 조심해라. 너의 의지와 독립성은 이미 충분히 강하다.

아버지뿐 아니라 퍼트넘의 어머니도 딸에게 모자를 단정하게 쓰라고 당부하며, 이처럼 사소한 것이 여성의 품격을 드러낸다고 말했습니다.

1864년 봄, 의과대학 공부를 마친 퍼트넘은 학위를 받았습니다. 그는 필라델피아와 보스턴에 있는 병원에서 일하다가 집으로 돌아와 뉴욕 이스트사이드에서 일하며 화학을 더 깊이 공부했습니다. 아버지는 남동생 한 명을 퍼트넘의 화학 수업에 함께 들여보냈습니다. 퍼트넘이 남자 교사와 단둘이 공부하는 것을 막기 위해서였습니다.

그러던 어느 날, 사우스캐롤라이나주 포트로열에서 해방된 노예들을 가르치던 여동생 이디스가 티푸스에 걸렸다는 소식이 전해졌습니다. 퍼트넘은 곧바로 그곳으로 가서 이디스를 간호했지요. 이디스는 머리카락이 다 빠졌지만, 다행히 목숨은 건질 수 있었습니다.

뉴욕으로 돌아온 퍼트넘은 이전에 개인 교습을 받았던 화학 교사 퍼디낸

젊은 시절의 메리 퍼트넘 저코비
(미국 국회도서관 제공)

드 메이어Ferdinand Mayer와 약혼했습니다. 메이어는 퍼트넘보다 열 살이나 많고 몹시 가난한 유대인 이민자였지요. 퍼트넘의 가족은 충격을 받았지만 결혼을 반대하지는 않았습니다.

결혼을 준비하는 동안 퍼트넘은 메이어의 인격과 지성에 의심을 품고 아버지에게 토로했습니다. 그러자 아버지는 기다렸다는 듯이 파혼을 권했습니다.

퍼트넘은 한 단계 더 나아가고 싶었습니다. 파리에 가서 당대의 저명한 의사들과 함께 공부하고 싶었지만, 그러려면 먼저 돈을 모아야 했습니다. 퍼트넘은 뉴올리언스로 가서 웨스트포인트 육군 사관 학교에 입학하고자 하는 남학생을 가르치면서 〈뉴올리언스타임스〉의 일요일판에 인물 에세이를 연재했지요. 이렇게 번 돈으로 1866년 9월, 스물네 번째 생일 직후에 프랑스로 가는 배를 탔습니다.

젊은 미국인 여성이 파리에서 의학을 공부할 기회는 쉽게 생기지 않았습니다. 퍼트넘은 자신의 스승인 엘리자베스 블랙웰Elizabeth Blackwell(미국 의과대학에서 학위를 받은 최초의 여성으로 파리와 런던에서도 의학을 공부했다. 뉴욕 병원과 연계된 여자의과대학을 세웠으며, 나중에 퍼트넘도 이 학교에서 학생들을 가르쳤다.-옮긴이)의 도움으로 카르티에라탱 지역에 있는 5층 건물에 숙소를 구했습니다. 퍼트넘은 당시 숙소 풍경을 보고 '노르트담 성당의 탑들이 꿈처럼 옅은 은빛 안개 너머로 불쑥 솟아 있다.'고 일기에 썼지요. 그는 열정적으로 파리에 대해 탐구하고 프랑스어를 공부했습니다.

퍼트넘은 파리 대학 의학부 입학을 거절당했지만, 종합병원과 정신병원에서 임상강의를 청강해도 된다는 허락을 받았습니다. 퍼트넘은 시간이 날 때마다 식물원이나 동물원에 있는 박물관에서 하는 강의를 들으며 스스로 수준 높은 교육 과정을 만들어 갔습니다. 그러다 보니 유흥이나 여가에 쓸 시간은 없어 외모를 가꾸는 데 전혀 관심이 없었습니다. 퍼트넘은 자신을 다음과 같이 묘사했습니다.

> 손발과 머리가 키에 비해 너무 크다. (⋯) 커다랗고 검은 눈동자가 밝게 빛난다. 하지만 속눈썹의 숱이 적고 눈꺼풀이 자주 붉어진다. (⋯) 안색이 탁하고 갈색 빛이 돈다. (⋯) 각지고 큰 얼굴형이다. 사각 턱에 검은색 눈썹이 가지런하다.

퍼트넘은 예쁜 여자는 절대 병원에서 일할 수 없고, 자신은 외모에 불만이 없다고 집으로 보내는 편지에 쓰기도 했습니다.

생활비는 매우 빠듯했습니다. 퍼트넘은 틈틈이 〈뉴욕이브닝포스트〉에 프랑스에 관한 기사를 써서 보냈고 의학 주간지인 〈메디컬레코드〉에 파리에서 직접 본 의학과 수술의 발전상에 대해 연재했습니다. 저녁에는 몇 시간씩 과외를 해서 돈을 벌기도 했습니다. 몸치장에 할애할 돈을 아끼는 대신 공부나 일에 매달렸습니다. 퍼트넘은 종종 "병원에서는 좋은 옷을 입을 필요가 없으니, 입을 옷이 없다고 걱정할 필요가 없다. 난 병원에 가면 되니까."라고 말하곤 했습니다. 한번은 아버지가 새 외출복을 사라고 준 돈으로 현미경을 사도 되냐고 물어보기도 했지요.

시간이 흐른 뒤, 퍼트넘은 더 많은 수업과 임상강의를 들었고, 학생이나 인턴 역할을 하며 사례 연구를 하고 환자를 관리했습니다. 의과대학 도서관에 허락을 받아 드나들 수 있게 되었고 해부학 실습 강의도 들었습니다. 퍼트넘은 "나는 아버지에게 일하는 습관을 물려받아 아무리 일해도 지치지 않는다."라고 말했습니다.

그때까지도 파리 대학 의학부의 교수들은 여전히 퍼트넘을 정식 학생으로 받아 주지 않았습니다. 그 대신에 강의실 옆문으로 들어가 교수 옆의 정해진 자리에 앉아서 강의를 들어도 된다는 절충안을 제안했지요. 퍼트넘은 마침내 그곳에서 자기만의 자리를 갖게 되었습니다.

다른 학생들은 내가 누구인지 뻔히 알기 때문에 내가 강의실에 나타나도 개의치 않는다. 잉크를 꺼내어 필기를 하고 있으면 마치 평생 동안 그곳에 있었던 것처럼 편안하다.

이후 퍼트넘의 입학을 반대하던 목소리도 조금씩 잦아들었습니다. 1868년 6월, 퍼트넘은 공식적으로 파리 대학 의학부의 학생이 되었고, 일주일 뒤에 남학생들과 함께 중요한 시험을 치렀습니다. 남학생 한 명은 너무 겁을 먹은 나머지 중간에 뛰쳐나갔고, 다른 한 명은 말을 더듬으며 겨우 시험을 치렀지만, 퍼트넘은 높은 점수로 시험에 통과해 파리 대학에서 3년간 수학했습니다. 학생들의 시위와 프로이센·프랑스 전쟁으로 학교가 문을 닫은 적도 있었지만, 그는 학교생활을 무척 좋아했습니다. 퍼트넘은 의학 공부에 매진하는 일을 비소 중

독에 비유하며 "일단 시작하면 멈출 수 없고, 점점 양을 늘리게 된다. 이렇게 몰두할 수 있다니 놀랍다."라고 표현했습니다. 또한 "이렇게 훌륭한 학교에서조차 공부를 사랑하고 열심히 공부하는 사람이 얼마나 적은지, 얼마나 많은 사람이 의대생 신분을 단지 돈이나 명성이나 오락을 위한 미봉책으로 이용하는지" 깨닫고는 크게 놀랐습니다.

퍼트넘은 1869년 10월부터 프랑스의 지리학자이자 무정부주의자인 장 자크 엘리제 르클뤼Jean Jacques Élisée Reclus의 집에서 살았습니다. 르클뤼 가족의 식탁에서 퍼트넘은 지적이고 정치적인 토론에 참여할 수 있었습니다. 르클뤼 가족은 여성의 권리에 깊은 관심을 지닌 사회주의자들이었고, 퍼트넘의 가장 가까운 친구가 되어 주었습니다.

퍼트넘은 의학을 공부하는 중에도 계속 글을 써서 발표했습니다. 1868년 《애틀랜틱먼슬리》에 실린 단편소설 〈노트르담 성당의 설교 A Sermon in Notre Dame〉는 콜레라가 유행하던 시기를 배경으로 하고 있습니다. 그는 이 단편소설에서 종교는 실패했고, 공중 보건을 증진하기 위해서는 공적인 조치와 행동이 중요하다고 강조했습니다. 1871년에는 파리가 프로이센 군대에 포위된 상황에서 프랑스 제3공화국의 탄생을 알리는 기사를 쓰기도 했지요.

파리가 포위된 동안에도 퍼트넘은 최선을 다해 공부를 계속했습니다. 폭격이 시작되자 그는 판테온(프랑스 파리에 있는 교회-옮긴이)으로 대피했고, 의과대학이 완전히 문을 닫은 다음에야 런던으로 피난을 갔지요. 학교가 다시 문을 열자 퍼트넘은 바로 돌아와 마지막 다섯 번째 시험에 통과했습니다.

졸업을 앞두고 이제 퍼트넘에게는 박사 학위논문만 남았습니다. 그는 300여 명의 청중 앞에서 중성지방과 지방산에 관한 논문을 발표했고, 동메달과 더불어 매우 높은 점수를 받았습니다.

프랑스에서 의학박사 학위를 받은 퍼트넘은 1871년 9월에 미국으로 돌아와 뉴욕 병원에 연계된 여자의과대학의 약물치료학 교수가 되었습니다. 그는 병원에서 환자를 돌보며 연구했고 학생을 가르쳤습니다. 퍼트넘이 세운 목표는 '여자 의대생에게 (지금은 존재하지 않는) 과학적 정신을 심어 주는 것'이었습니다. 1872년 퍼트넘은 여성 의학 교육 증진 협회를 만들었고, 1874년부터 1903년까지 회장을 지냈습니다. 뉴욕 의학 아카데미는 퍼트넘을 회원으로 받아들였습니다. 당시 아카데미의 회장은 의사 에이브러햄 저코비Abraham Jacobi였습니다.

1873년에 저코비와 퍼트넘은 결혼했습니다. 미국 소아의학의 아버지라 불리는 저코비는 유대인 출신 이민자이자 개혁론자로, 학술지 《미국 산과학 저널》을 펴내고 미국 공산당을 세우기도 했습니다. 퍼트넘은 몇 해 전에 가족에게 보낸 편지에 이렇게 썼습니다.

저는 반드시 결혼해야겠다는 마음이 별로 없어요. 그래도 제가 집으로 돌아갔을 때 지적이고 세련되며 저보다 연구에 더 열정적인 의사를 만난다면, 그분이 저를 좋아하고 제가 그분을 가족처럼 느낀다면, 그리고 제 직장 생활에 전혀 간섭하지 않는다면, 그분과 결혼하겠어요.

훌륭한 의사이자 르클뤼 가족과 비슷한 사회적 감수성을 지닌 저코비는 퍼트넘에게 만족스러운 남편감이었습니다. 두 사람은 두 명의 아들과 딸을 낳았고, 아이를 낳은 뒤에도 퍼트넘은 계속해서 학생을 가르치고 연구하며 환자를 돌봤습니다.

에이브러햄 저코비

1875년에 퍼트넘은 에드워드 C. 클라크Edward C. Clarke가 쓴 논문을 반박하기 위한 연구를 시작했습니다. 클라크가 논문 〈성별과 교육, 소녀들을 위한 공정한 기회〉에서 여성은 물리적 힘이 약하고, 특히 매달 월경을 겪어야 하므로 여성의 사회적 역할을 확대하는 일은 바람직하지 못하다고 주장했기 때문이었지요. 퍼트넘은 풍부한 연구 자료를 바탕으로 이에 반박했습니다. 이 자료에는 월경 주기 동안 여성의 맥박, 혈압, 체온이 안정적으로 유지된다는 표와 통계 수치가 포함되어 있었습니다. 퍼트넘은 자신의 글이 속 좁은 여자가 홧김에 쓴 글로 폄하되지 않도록 익명으로 반박 논문을 발표하고, "시보다 참된 진리"라는 라틴어 문구를 덧붙였습니다. 퍼트넘은 논문 〈월경 중 여성의 휴식 문제〉로 많은 논쟁을 불러일으켰지만, 이 논문으로 1876년에 하버드 대학의 보일스턴 의학상을 받았습니다. 마침 하버드 대학 의학부에서 여학생을 받는 조건으로 기부된 1만 달러를 거부한 상태였던지라 더욱 의미 있는 상이었지요.

퍼트넘은 여자의과대학에서 16년 동안 매주 다섯 번 약물학 강의를 했습니다. 그는 학생들에게 큰 기대와 희망을 갖고 있었지만, 자주 실망하곤 했습니다. 자신이 학생이었을 때보다 배경지식이 너무 부족하고 공부에 대한 열의도 낮았기 때문입니다. 퍼트넘은 여자 의과대학의 창립자였던 블랙웰과 다른 교육 철학을 갖고 있었어요. 블랙웰은 여자 의사는 남자 의사와 달라 받을 수 있는 교육도 다르다고 생각했습니다. 여자는 남자보다 정신적인 면이 강하다고 믿었고, 질병은 도덕적 불순함에서 비롯되므로 의학은 사회의 도덕적 개혁에 초점을 맞춰야 한다고 생각했습니다. 반면에 퍼트넘은 과학적으로 접근했습니다. 남자 의사들의 세계에서 여자 의사들이 경쟁하려면 의학을 철두철미하게 공부하고 익혀야 한다고 주장했지요. 팽팽한 두 사람의 의견

퍼트넘이 강의했던 뉴욕 병원 여자의과대학의 해부학 강의실

충돌은 1888년 퍼트넘이 여자의과대학의 강의를 그만두면서 끝이 났어요. 이때 이미 퍼트넘은 1882년부터 뉴욕 의과대학에 소아 질병을 가르치는 임상강의 교수로 합류한 상태였습니다. 미국 여성으로는 처음으로 남녀공학 의과대학의 강의를 맡은 거예요.

1883년, 퍼트넘 부부는 디프테리아로 큰아들 언스트 저코비를 잃게 됩니다. 남편 저코비가 당시 미국의 디프테리아 전문가였는데도 자신의 아들을 살리지 못했습니다. 저코비는 당시 떠오르고 있던 미생물 병인론을 받아들이지 않았고, 종종 생명이 위험해진 디프테리아 환자를 살리는 마지막 방편으로 직접 기관절개술을 시행하기도 했습니다.

언스트 저코비의 세 살 때 모습

아들의 죽음으로 이들 부부는 몹시 괴로워했습니다. 그러나 퍼트넘은 멈추지 않고 자신의 임상과 연구 영역을 넓혀 갔습니다. 1886년에 퍼트넘은 뉴욕 병원에 소아과 병동을 열었고, 소아신경학을 연구한 초창기 의사 중 한 사람이 되었습니다. 그리고 해부를 통해 소아마비 병소가 척추의 운동 신경 세포에 있다는 사실을 발견했습니다. 이 발견은 약 70년 뒤에 소아마비 백신을 개발하는 데 큰 도움이 되었지요.

그 밖에도 퍼트넘은 100여 편의 학술 논문과 아홉 권의 책을 썼습니다. 그의 저서 《생리학적 기록과 초등 교육과 언어학》에는 어린이가 언어를 습득하는 과정과 방법을 실험과 관찰, 통계학과 신경학을 이용해 연구한 내용이 잘 담겨 있습니다. 《상식을 적용한 여성 선거권》에는 여성에게 선거권이 주어져야 하는 이유가 설명되어 있습니다.

퍼트넘은 1800년대 후반에 가장 대표적인 여자 의사이자, 남녀 불문하고 미국의 대표적인 의사로 널리 인정받았습니다. 왕성한 활동을 계속하던 퍼트넘은 1900년부터 심각한 두통과 오심에 시달리기 시작했습니다. 처음 증상이 나타난 건 그로부터 4년 전이었습니다. 퍼트넘은 자신이 뇌종양에 걸렸다고 진단했고, 1903년에 생애 마지막 논문을 쓰기 시작했습니다. 논문의 제목은 〈소뇌를 누르는 뇌척수막 종양의 초기 증상들 - 해당 질환으로 사망한 환자가 작성함〉이었습니다.

1906년 6월 10일에 퍼트넘은 예순세 살의 나이로 세상을 떠났습니다. 그는 강의와 저술, 모범적인 연구 생활을 통해 미국 의학의 기초를 세우는 데 이바지했습니다. 부단한 연구로 신경학과 소아의학, 여성 의학을 발전시킨 것은 물론 여성의 의학 교육 수준을 높이자고 주장했기에 다른 여성들도 그처럼 높은 수준으로 공부할 수 있었어요. 그는 훌륭한 시설과 전례를 남겼습니다. 퍼트넘의 장례식에서 의사 윌리엄 오슬러William Osler(미국의 존스홉킨스 병원 창립자들 중 하나-옮긴이)는 여자 의사들에게 이제 거의 모든 곳의 문이 열려 있는 것은 전부 퍼트넘의 학문적 성취 덕분이라고 말했습니다.

윌리엄 오슬러 경

프로이센·프랑스 전쟁

북독일연방과 프랑스의
제2제정 사이에서 벌어
진 프로이센·프랑스 전
쟁(1870년 7월~1871년 5월)은
스페인의 왕위 계승권
다툼을 계기로 일어났습
니다. 프랑스가 전쟁을
결정하자 독일군은 상대

적으로 우세한 병력과 대포, 철도를 이용해 프랑스를 재빨리 공격했습니
다. 독일군은 스당에서 프랑스군을 무찌르고 황제 나폴레옹 3세를 사로잡
았습니다. 황제가 없어진 프랑스는 1870년 9월 4일에 제3공화국을 선포
했지만, 독일군의 공격은 계속되었습니다. 뒤이어 파리를 포위한 독일군
은 1871년 1월 28일에 결국 파리를 점령했습니다.

　1871년 3월, 사회주의자들의 주도로 파리 노동자들은 정권을 잡고 혁
명적인 파리코뮌을 세웠으나 파리코뮌 정권은 겨우 두 달 지속됐을 뿐입
니다. 정부군은 마지막 일주일 동안 무자비하게 코뮌 세력을 짓밟고 죽였
습니다.

　전쟁이 끝난 후에 독일연방국들은 빌헬름 1세를 황제로 세우고 독일제
국을 완성했습니다. 이를 계기로 독일은 유럽의 강대국이 되었습니다.

디프테리아

디프테리아에 걸리면 열이 나고 목과 림프절이 부으며 숨을 쉬기가 어려워집니다. 디프테리아를 일으키는 곤봉 모양 세균의 학명은 '코리네박테리움 디프테리아'입니다. 이 세균은 독소를 분비해 입과 목구멍의 점막을 이루는 세포들에 침입하고, 편도와 목에 단단한 회색 막을

디프테리아균

씌웁니다. 이 막은 기도를 막거나 기관을 지나 기관지까지 뻗어 내려갑니다. 디프테리아에 걸린 환자의 5에서 10퍼센트가 사망하며, 대개 기도가 막혀 질식하거나 심부전으로 죽습니다.

퍼트넘의 아들 언스트 저코비가 디프테리아에 걸려 사망한 1883년, 테오도어 알브레히트 에드빈 클렙스Theodor Albrecht Edwin Klebs(독일과 스위스의 병리학자이며 감염증에 관한 연구로 현대 세균학의 기틀을 세움-옮긴이)는 처음으로 디프테리아균을 발견했습니다. 1891년에는 소량의 디프테리아 독소를 말에게 주사한 뒤 말의 피에서 얻은 디프테리아 항독소 혈청을 처음으로 사람에게 주사했습니다. 1920년대부터는 독소에 열을 가해서 약하게 만든 변성독소를 백신으로 사용했습니다. 이 변성독소를 인체에 주사하면 병에 대한 면역이 생겼습니다. 디프테리아 변성독소는 오늘날 어린이들에게 주사하는 디피티 백신(디프테리아, 백일해, 파상풍을 예방하는 혼합 백신-옮긴이)에 들어 있습니다. 디피티 백신 덕분에 디프테리아는 미국에서 거의 사라졌습니다. 그러나 여전히 세계 곳곳에서 백신 접종률이 떨어질 때마다 디프테리아가 유행하곤 합니다.

8 고고하고
신비로운 학문

소피야 코발렙스카야
Sofiya Kovalevskaya
1850~1891

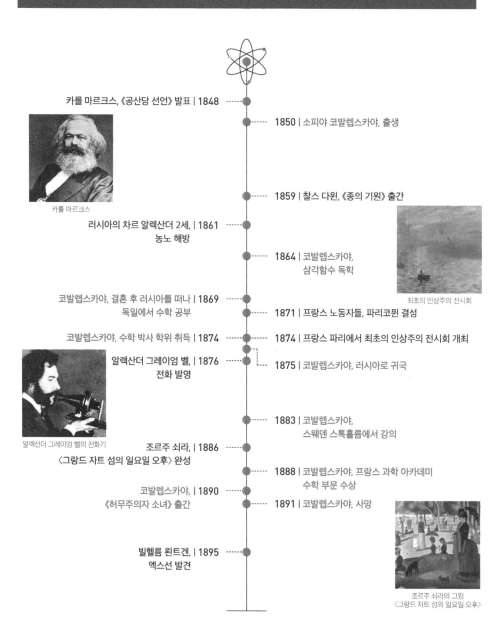

카를 마르크스, 《공산당 선언》 발표 | 1848

1850 | 소피야 코발렙스카야, 출생

카를 마르크스

1859 | 찰스 다윈, 《종의 기원》 출간

러시아의 차르 알렉산더 2세, | 1861
농노 해방

1864 | 코발렙스카야,
삼각함수 독학

최초의 인상주의 전시회

코발렙스카야, 결혼 후 러시아를 떠나 | 1869
독일에서 수학 공부

1871 | 프랑스 노동자들, 파리코뮌 결성

코발렙스카야, 수학 박사 학위 취득 | 1874

1874 | 프랑스 파리에서 최초의 인상주의 전시회 개최

알렉산더 그레이엄 벨, | 1876
전화 발명

1875 | 코발렙스카야, 러시아로 귀국

1883 | 코발렙스카야,
스웨덴 스톡홀름에서 강의

알렉산더 그레이엄 벨의 전화기

조르주 쇠라, | 1886
〈그랑드 자트 섬의 일요일 오후〉 완성

1888 | 코발렙스카야, 프랑스 과학 아카데미
수학 부문 수상

코발렙스카야, | 1890
《허무주의자 소녀》 출간

1891 | 코발렙스카야, 사망

빌헬름 뢴트겐, | 1895
엑스선 발견

조르주 쇠라의 그림
〈그랑드 자트 섬의 일요일 오후〉

1861년, 러시아의 장군이자 평범한 귀족 출신이었던 소피야 코발렙스카야의 아버지가 온 가족을 데리고 모스크바 교외의 팔라비노 지역으로 막 이사한 참이었습니다. 아버지는 딸의 방에 벽지 대신 자신이 예전에 썼던 미적분학 필기 노트를 발라 놓았습니다. 열한 살의 코발렙스카야는 들뜬 표정으로 벽을 가득 채운 우아한 기호들과 소용돌이치는 에스(S) 자 모양의 적분 기호를 빤히 쳐다봤습니다. 그것들이 무엇을 의미하는지도 모르는 채 말이지요. 수학 기호들을 보며 코발렙스카야는 표트르 삼촌을 떠올렸습니다. 표트르 삼촌의 수학 이야기는 듣는 사람마저 수학을 사랑하고 동경하는 마음을 갖게 만들었습니다. 훗날 코발렙스카야는 이 마음을 "고고하고 신비로운 학문인 수학에 대한 경외"라고 표현했습니다.

소피야 코발렙스카야

코발렙스카야는 집안의 둘째 딸이었습니다. 언니 안나는 아름다운 외모로 어디서나 사랑을 받았고, 집안의 상속자였던 남동생 표도르는 귀하게 자랐지요. 코발렙스카야는 자신이 수줍음 많은 성격이 된 건 부모님의 사랑을 가장 못 받았기 때문이라고 생각했습니다. 그가 언니의 그늘에서 벗어날 수 있는 유일한 분야는 수학이었습니다. 코발렙스카야는 가정교사에게 수학을 배우면서 수학에 너무도 강하게 끌린 나머지 다른 과목을 소홀히 하기 시작했습니다. 똑똑한 여성을 극도로 싫어했던 아버지가 수학 수업을 중지시키려 하자, 대수학 교재를 숨겨 놓고 밤마다 이불 속에서 혼자 읽기도 했습니다.

한편 코발렙스카야의 언니 안나도 엄한 아버지 몰래 여자답지 않은 활동에 몰두하고 있었습니다. 안나는 단편소설을 여러 편 썼고, 이후에 장편소설도 썼습니다. 그 작품들로 돈까지 벌었지요. 그러던 어느 날, 하인이 실수로 안나 앞으로 온 편지와 원고료를 아버지에게 가져가는 바람에 들키고 말았습니다. 아버지는 큰 충격을 받아 쓰러졌고, 안나를 불러 다음과 같이 말하며 크게 나무랐습니다.

"지금은 네 소설을 팔지만, 언젠가 너를 팔게 될 거다."

안나에게 소설을 청탁한 출판인은 이제 막 시베리아 유배를 마치고 돌아온 유명 소설가 표도르 도스토옙스키Fyodor Dostoyevsky였습니다. 부모는 곧 안나의 재능을 긍정적으로 받아들였고, 도스토옙스키는 코발렙스카야의 집에 자주 드나들게 되었습니다. 침울한 이상주의자였던 마흔두 살의 작가는 코발렙스카야 자매의 마음을 끌었습니다. 특히 열세 살의 코발렙스카야는 그에게 푹 빠져들었습니다. 도스토옙스키가 코발렙스카야의 피아노 연주 실력을 칭찬하자, 신이 난 코발렙스카야는 베토벤의 〈비창 소나타〉를 공들여 연습하기도 했습니다. 그리고 그를 위해 〈비창 소나타〉를 치던 날, 연주를 마친 코발렙스카야가 뒤를 돌아보니 그곳에는 아무도 없었습니다. 코발렙스카야는 도스토옙스키를 찾아 온 집안을 돌아다니다가 그가 하얗게 질린 얼굴로 언니 안나의 손을 잡고 있는 모습을 엿보고 말았습니다. 도스토옙스키는 안나에게 청혼하던 중

표도르 도스토옙스키

이었지요. 안나는 그의 청혼을 거절했습니다.

　마음이 찢어질 듯 아팠던 코발렙스카야는 다시 수학의 세계로 돌아갔습니다. 그는 열네 살 때 교재와 선생님도 없이 스스로 삼각함수를 깨우쳤습니다. 원 안에 삼각형을 그려서 사인함수를 이해했고, 거기서 나머지 삼각함수도 유도해 냈지요. 사실 코발렙스카야가 삼각함수를 공부한 건 광학 교과서를 읽기 위해서였습니다. 광학 교과서의 저자는 코발렙스카야 가족과 친하게 지내는 사이였습니다. 그는 코발렙스카야를 '제2의 파스칼(17세기의 저명한 수학자이자 철학자-옮긴이)'이라고 부르며 아버지에게 수학 공부를 더 시켜 보라고 권했습니다. 그 덕분인지 얼마 뒤에 아버지는 마음을 누그러뜨리고 두 딸을 상트페테르부르크로 보내어 학업을 계속할 수 있도록 해 주었습니다.

보리스 쿠스토디예프, 〈농노의 해방〉

상트페테르부르크는 러시아의 지식인들이 모여드는 중심지였습니다. 당시 러시아는 매우 빠르게 변하고 있었습니다. 코발렙스카야가 열한 살이었던 1861년에는 러시아의 차르(러시아의 최고 지배자를 부르는 말-옮긴이)가 농노를 해방시켰습니다. 서구 유럽에서 들어온 자유와 공정성에 관한 새로운 사상이 번지고 있었지요. 그럼에도 러시아의 대학은 여전히 여학생을 받지 않았습니다. 코발렙스카야 자매는 러시아를 떠나 더 많은 것을 배우고 익혀 창조적이고 낭만적인 삶을 살고 싶었습니다.

당시에 여성이 러시아를 떠나기 위해서는 아버지나 남편의 허락이 필요했습니다. 아버지의 도움을 기대할 수 없었던 코발렙스카야는 고생물학을 공부하는 젊은 학생 블라디미르 코발렙스키Vladimir

Kovalevsky와 가짜로 결혼하기로 했습니다. 어느 날 밤, 코발렙스카야는 부모가 연 파티 중에 살그머니 집을 나와 남편의 집으로 향했습니다. 이 일로 아버지는 큰 충격을 받았습니다.

그로부터 며칠이 지나고, 집을 떠나 남편감을 찾았다는 코발렙스카야의 편지를 받았을 때, 아버지는 이미 모든 것을 포기한 상태였습니다. 가문을 더럽힌 딸의 결혼을 허락하는 수밖에 없었지요.

코발렙스카야 부부는 함께 비엔나를 거쳐 독일로 갔습니다. 코발렙스카야는 남편이 고마웠지만, 남편을 사랑한 건 아니었어요. 코발렙스카야는 남편에게 이별을 통보했지만 받아들여지지 않았고, 그 때문에 평생 마음고생을 했습니다.

코발렙스카야는 열아홉 살이 되던 해, 하이델베르크 대학에서 수학 강의를 청강했습니다. 그리고 더 많은 것을 배우기 위해 베를린 대학에 입학 신청을 냈지만, 이번에도 여성이라는 이유로 거절당했습니다. 코발렙스카야는 절박한 마음으로 수학자 카를 바이어슈트라스Karl Weierstrass를 직접 찾아갔습니다.

카를 바이어슈트라스

바이어슈트라스는 문 앞에 젊은 여성이 서 있는 것을 보고 깜짝 놀랐습니다. 그는 코발렙스카야의 부탁을 완곡히 거절하려고 했습니다. 그래서 어려운 타원 적분 문제들로 가득 채운 종이 한 장을 주고 다 풀면 돌아오라고 말했지요. 바이어슈트라스는 다시는 코발렙스카야를 볼 일이 없을 거라고 생각했습니다. 그런데 놀랍게도 일주일 뒤에 코발렙스카야가 답안지를 들고 찾아왔습니다. 바이어슈트라스는 생각지도 못한 독창적인 방법으로 명확하게 풀어 낸 답안지를 받아 들고는 그를 지도하고 싶은 마음이 절로 들었습니다. 그로부터 4년 동안 코발렙스카야는 당시 유럽을 대표하던 수학자 바이어슈트라스의 개인 지도를 받으며 진정한 우정을 나누었습니다.

1871년, 코발렙스카야는 언니 안나가 있는 파리로 달려갔습니다. 문학 공부를 하러 파리에 가 있었던 안나가 파리코뮌을 이끌던 젊은 프랑스 급진주의자와 사랑에 빠졌는데 파리코뮌이 프랑스 정부군에 포위되면서 안나의 신변에 위험이 닥친 거예요. 코발렙스카야 부부는

파리코뮌의 블랑슈 광장 방어벽

보트를 훔쳐 타고 센강을 건너 파리 시내로 들어갔습니다. 그곳에서 몇 주 동안 안나와 다친 사람들을 돕다가 베를린으로 돌아왔지요.

1874년, 4년의 개인 지도 끝에 바이어슈트라스는 스물네 살의 코발렙스카야가 박사 학위를 받을 준비가 되었다고 판단했습니다. 코발렙스카야는 논문 세 편을 준비했습니다. 토성의 고리, 아벨 적분, 편미분 방정식에 관한 논문이었지요. 바이어슈트라스는 세 편 모두 박사 학위를 받기에 충분하다고 생각했습니다. 아니나 다를까 괴팅겐 대학은 코발렙스카야에게 최우등 박사 학위를 주었습니다. 코발렙스카야는 그곳에서 강의를 듣거나 시험을 친 적이 한 번도 없었는데 말입니다. 유럽을 통틀어 여성에게 최초로 수여된 수학 박사 학위였습니다.

바이어슈트라스는 코발렙스카야에게 교수 자리를 구해 주려 했지만, 현실은 녹록지 않았습니다. 결국 코발렙스카야 부부는 1875년에 러시아로 돌아갔습니다. 러시아에서 코발렙스카야가 찾은 가장 좋은 일자리는 초등학교에서 여학생들에게 대수 연산을 가르치는 일이었습니다. 코발렙스카야는 "불행히도 나는 구구단을 잘 못 외웠다."라고 회고하며, 그 일이 자신에게 잘 맞지 않는다고 말했습니다. 그로부터 몇 년 동안 코발렙스카야는 수학 연구를 하지 않았고, 스승 바이어슈트라스의 편지에도 답장하지 않았습니다.

수년간 정신적 시련을 겪은 코발렙스카야 부부는 서로에게 마음을 열고 진정한 부부가 되었습니다. 사이가 돈독해진 코발렙스카야 부부는 코발렙스카야의 얼마 안 되는 유산으로 몇 가지 사업을 시작했습니다. 코발렙스카야는 대중적인 과학 칼럼과 연극 리뷰, 소설을 쓰고 여학교를 세우는 일도 도왔습니다. 하지만 정치 성향이 급진적이라고 알려지는 바람에 그 여학교에서 수업을 맡지는 못했습니다.

1880년, 서른 살이 된 코발렙스카야는 다시 수학에 몰두했고, 발표하는 논문마다 큰 호평을 받았습니다. 또 눈에 넣어도 아프지 않을 두 살 난 딸도 있었습니다. 코발렙스카야 부부에게 더 이상 난관은 없을 것 같았어요. 하지만 그 무렵 남편은 수상한 동업자의 꾐에 빠져 점점 감정 기복이 심해지고 있었습니다. 뒤늦게 남편의 상태를 알아챈 코발렙스카야는 이혼을 결심하고 딸과 함께 베를린으로 돌아갔습니다. 그리고 1883년, 남편이 스스로 목숨을 끊었다는 충격적인 소식을 듣게 되지요.

바이어슈트라스의 제자였던 예스타 미타그 레플레르Gösta Mittag-Leffler는 그해에 코발렙스카야를 스톡홀름 대학의 강사로 초청했습니다. 이 소식을 달가워하지 않는 사람도 많았습니다. 유명한 스웨덴 극작가 아우구스트 스트린드베리August Strindberg는 지역 신문에 이렇게 기고했습니다.

여자 교수라니 기분 나쁜 현상이다. 흉측하다고 할 수 있다.

미타그 레플레르의 여동생인 소설가 안나 카를로타 레플레르Anna Carlotta Leffler는 코발렙스카야가 미인은 아니지만 강렬한 인상을 지녔다고 표현했습니다. 그에 따르면 코발렙스카야는 머리가 컸고, 적갈색 눈이 또렷했으며, 입술은 도톰했고, 손이 작았고, 창백한 살갗에는 푸른 핏줄이 두드러졌습니다. 그리고 옷차림에 하도 신경을 쓰지 않아서 단정치 못하게 보일 정도였습니다. 코발렙스카야는 수학에 관한 아이디어가 떠오르면 하던 일을 완전히 멈추고 거기에만 몰두했습니다.

> 나들이나 파티에서 활발하게 대화하다가 (…) 갑자기 말을 멈추고 조용해
> 질 때가 있다. 그럴 때 코발렙스카야의 시선은 먼 곳을 보고 있고, 말을
> 걸어도 두서없이 대답한다. 그러다 갑자기 작별 인사를 하는데, 어떤 설
> 득이나 선약 또는 다른 사람의 곤란한 입장도 그를 붙잡을 수 없다. 그럴
> 때 그는 어서 집에 가서 연구를 해야 한다.

코발렙스카야는 스톡홀름 대학에서 강의하다가 나중에 종신 교수가 되었습니다. 그는 수학 학술지 편집위원으로 활동했고, 역학 학과장으로 임명되었습니다. 물질의 결정에 관한 논문도 썼지요. 그리고 마침내 러시아도 코발렙스카야를 인정하게 되었습니다. 그는 러시아 황립 과학 아카데미의 첫 번째 여성 회원으로 뽑혔습니다.

1887년, 러시아에 머물던 언니 안나가 세상을 떠나면서 코발렙스카야는 깊은 상실감에 괴로워했습니다. 그러다가 스톡홀름에 강의하러 온 러시아 변호사 막심 코발렙스키Maxim Kovalevsky를 만나 다시 생기를 얻게 되었습니다. 이국에서 만난 두 사람은 격정적인 사랑에 빠졌습니다. 코발렙스키는 코발렙스카야가 연구를 그만두는 조건으로 청혼했습니다. 코발렙스카야는 고민에 빠졌습니다. 사랑에 대한 열망도 컸지만 당시 그는 수학에 몸담은 이래로 가장 흥미롭고 신나는 주제를

연구하고 있었습니다. 결국 코발렙스카야는 청혼을 거절했습니다.

프랑스 과학 아카데미는 모양이 고르지 않은 물체의 회전 운동을 수학적으로 기술하라는 고난도 문제에 상금을 걸었습니다. 이에 코발렙스카야는 1888년에 논문 〈고정점을 중심으로 한 고체의 회전에 대하여〉를 제출했습니다. 무게 중심이 회전축 위에 있지 않은 고체의 회전을 다룬 논문이었지요. 코발렙스카야의 이론과 해답은 그야말로 품격이 달랐습니다. 프랑스 과학 아카데미는 단순히 상을 주는 데 그치지 않고 상금을 3,000프랑에서 5,000프랑으로 늘렸습니다. 프랑스 과학 아카데미의 회장은 시상식 자리에서 "코발렙스카야의 연구는 심오하고 광범위한 지식뿐 아니라 훌륭한 창의성을 보여 줍니다."라며 코발렙스카야를 추어올렸지요.

코발렙스카야는 고체의 운동에 관한 논문을 두 편 더 쓰는 한편, 문학 작품도 계속해서 썼습니다. 그는 카를로타 레플레르와 함께 낭만주의 희곡 《행복을 위한 투쟁》을 썼고, 코발렙스키의 권유에 따라 자전적 소설 《라옙스키 자매》(1889)와 《허무주의자 소녀》(1890)를 썼지요. 코발렙스카야는 소설을 쓰고 동시에 수학을 연구하는 데 아무런 모순이 없다고 여겼습니다.

> 시인은 다른 사람들이 보지 않는 것을 봐야 하고, 다른 사람보다 더 깊이 살펴보아야 한다. 수학자도 그렇다.

1891년, 수학자로 활발하게 활동하던 코발렙스카야는 이탈리아로 휴가를 떠났습니다. 이후 스웨덴으로 돌아온 그는 심한 기침 증세를 보이며 앓기 시작했습니다. 병은 급성 폐렴으로 발전했고, 코발렙스카야는 마흔한 살의 나이로 세상을 떠났습니다. 스승 바이어슈트라스는 코발렙스카야의 편지들을 불태우고 깊은 슬픔에 잠겨 "인간은 죽지만 관념은 남는다."라며 읊조렸습니다.

코발렙스카야는 평생 지적 자극에 대한 욕구와 이상적인 사랑과 삶 사이에서 괴로워했습니다. 낭만적인 성향 때문에 모든 것을 집어삼키는 격렬한 사랑에 빠지고 싶을 때도 많았지요. 하지만 그때마다 연애가 주는 실망감을 떨쳐 내고 '고고하고 신비한 학문'인 수학에 몰두했습니다. 그리고 결국 수학의 역사에 자신의 이름을 남겼습니다.

차르 알렉산더 2세

1856년 러시아는 영국, 프랑스, 오스만제국을 상대로 크림전쟁에서 패했습니다. 이 전쟁으로 러시아가 얼마나 시대에 뒤떨어졌는지 만천하에 드러났습니다. 러시아는 기술력도 부족했고, 철도도 없었습니다. 이 전쟁으로 러시아 병사가 무려 20만 명이나 죽었습니다.

차르 알렉산더 2세는 개혁의 시대가 왔다고 생각했습니다. 그는 첫 번째로 농노제를 폐지했습니다. 농노제는 농부들을 귀족의 땅에 구속된 노예와 다름없이 취급했던 봉건적인 제도였습니다. 두 번째로 땅을 재분배하기 시작했습니다. 세 번째로 마을과 지방에서 자치 정부를 세울 수 있게 허락했습니다. 이러한 자치 정부를 젬스트보라고 불렀습니다. 젬스트보는 사람들에게 교육과 자선 등의 혜택을 제공했습니다. 마지막 네 번째로 군대와 사법부를 개혁했습니다.

1881년, 알렉산더 2세는 마차에서 암살범의 폭탄에 맞아 사망했습니다. 진보적인 아버지와 달리 아들 알렉산더 3세는 즉위하자마자 주변 세력을 탄압했습니다. 차르의 권한을 강화하고, 제국 전체를 러시아화하고자 했으며, 혁명주의자와 유대인을 박해했습니다. 그러는 한편 산업을 발달시키고 교통망을 확장했으며 경제를 성장시켰습니다.

코시-코발렙스카야 정리

미분 방정식이란 어느 변수의 값이 얼마나 빨리 변하는지를 나타내는 방정식입니다. 예를 들어 중력을 받은 물체가 땅으로 떨어질 때의 가속도를 알면 모든 시각에 그 물체의 위치를 계산할 수 있습니다.

물리학, 공학, 생물학, 경제학에서 중요한 역할을 하는 편미분 방정식은 두 개 이상의 변수들의 변화를 한꺼번에 나타내는 방정식입니다. 이를테면 다음과 같은 질문들을 수식으로 나타냅니다. 무스(북아메리카에 사는 큰 사슴-옮긴이)와 늑대의 개체 수는 서로 관계가 있을까요? 압력이 달라지면 액체 속 열의 흐름이 어떻게 변할까요?

코발렙스카야는 특정 종류의 편미분 방정식에는 유일한 해답이 존재한다는 사실을 증명했습니다. 이것이 코시-코발렙스카야 정리입니다. 코발렙스카야는 이 분야의 연구를 통해 수학 발전에 크게 이바지했습니다.

9 최초의 여성
노벨상 수상자

마리 스크워도프스카 퀴리

Marie Skłodowska Curie

1867~1934

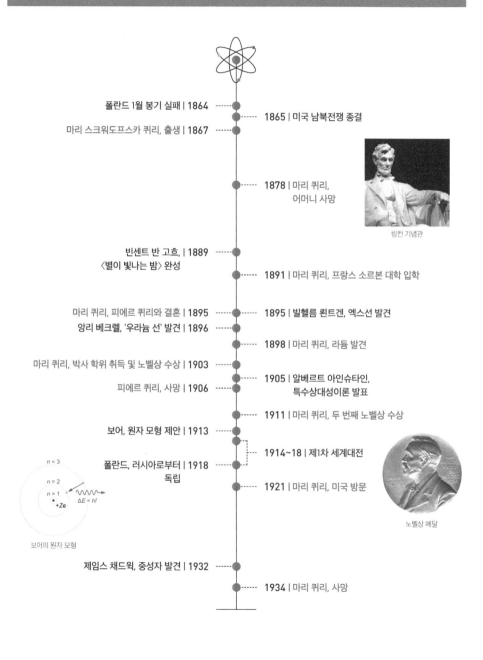

연표 | 1864~1934

폴란드 1월 봉기 실패 | 1864
1865 | 미국 남북전쟁 종결
마리 스크워도프스카 퀴리, 출생 | 1867

1878 | 마리 퀴리,
어머니 사망

링컨 기념관

빈센트 반 고흐, | 1889
〈별이 빛나는 밤〉 완성
1891 | 마리 퀴리, 프랑스 소르본 대학 입학

마리 퀴리, 피에르 퀴리와 결혼 | 1895
1895 | 빌헬름 뢴트겐, 엑스선 발견
앙리 베크렐, '우라늄 선' 발견 | 1896
1898 | 마리 퀴리, 라듐 발견

마리 퀴리, 박사 학위 취득 및 노벨상 수상 | 1903
1905 | 알베르트 아인슈타인,
피에르 퀴리, 사망 | 1906
특수상대성이론 발표

1911 | 마리 퀴리, 두 번째 노벨상 수상
보어, 원자 모형 제안 | 1913

1914~18 | 제1차 세계대전
폴란드, 러시아로부터 | 1918
독립
1921 | 마리 퀴리, 미국 방문

$n = 3$

$n = 2$

$n = 1$ $\Delta E = hf$
•+Ze

노벨상 메달

보어의 원자 모형

제임스 채드윅, 중성자 발견 | 1932
1934 | 마리 퀴리, 사망

프랑스 여성 중에 잔 다르크 다음으로 이름이 널리 알려진 마리 스크워도프스카 퀴리는 애국심이 강한 폴란드인으로 자랐습니다. 마리 퀴리는 1867년에 러시아가 점령한 폴란드에서 집안의 다섯 번째 자녀이자 막내로 태어났습니다. 그의 집안은 세력이 약한 귀족 가문이었으며 교육자를 많이 배출했습니다. 마리 퀴리의 아버지는 대학 입학을 위한 독일식 중등 교육 기관인 김나지움의 교감 선생님이었어요. 그는 과학 연구 결과들을 보통 사람이 이해할 수 있도록 설명해 주는 기사를 썼고, 아이들에게 자연의 섭리에 대해 자세히 설명해 주곤 했습니다. 주말에는 아이들에게 애국적인 내용이 담긴 노래와 시를 가르쳤습니다. 한편 사립 여학교의 교장 선생님이었던 마리 퀴리의 어머니는 생계를 유지하기 위해 학교를 그만두고 아동용 신발을 만드는 일을 했습니다. 자녀들은 모두 어머니를 가족의 정신적인 기둥으로 여겼지요. 마리

열여섯 살의 마리 퀴리

퀴리는 이러한 부모로부터 배움에 대한 열정과 근면함을 물려받았습니다.

마리 퀴리가 어렸을 적에 러시아는 폴란드 학교를 심하게 탄압했습니다. 공립학교는 물론 사립학교에서도 러시아어로 수업을 해야 했고, 러시아의 시선에서 바라본 역사와 지리를 가르쳐야 했지요. 하지만 마리 퀴리가 다니는 학교에서는 폴란드의 역사와 문화를 몰래 가르쳤고, 러시아 장학관이 학교를 방문할 때만 그 사실을 숨겼습니다. 배우는 속도가 빠르고 의젓했던 마리 퀴리는 여섯 살 때부터 학생 대표로 뽑혀 장학관 앞에서 러시아어로 발표했습니다. 마리 퀴리는 장학관이 학교에 방문할 때마다 두려움과 분노를 참아 내며 러시아어로 공부하는 연기를 해야만 했습니다.

마리 퀴리가 네 살 때 그의 어머니는 결핵에 걸렸습니다. 항생제가 없던 시절이라 유일한 치료 방법은 집에서 멀리 떨어진 요양소에서 지내다 돌아오는 것뿐이었습니다. 어머니의 병세는 좋아졌다 나빠지기를 반복했습니다. 맏언니 조시아는 종종 어머니를 모시고 함께 요양을 떠났고, 나머지 가족들은 집에 머물며 어머니를 그리워하는 편지를 써서 보내곤 했습니다. 그러다가 1876년에 조시아가 티푸스에 걸려 죽자 슬픔에 잠긴 어머니는 병세가 급격히 나빠져 1878년에 세상을 떠났습니다. 열 살이었던 마리 퀴리는 깊은 우울증에 빠졌고, 이후 평생에 걸쳐 되풀이되는 우울증에 시달렸습니다.

마리 퀴리의 아버지는 러시아 장학관에 의해 학교에서 해고를 당했습니다. 그는 곧 다른 학교의 선생님으로 일하게 되었지만, 모자라는 생활비를 보태기 위해 집을 기숙학교로 개조했습니다. 집 안은 늘 공부하는 학생들의 시끌벅적한 소음으로 가득했는데 조용한 성격의 마리 퀴리는 시골 친척 집에서 보내는 여름휴가가 큰 위안이었습니다. 여름 동안 마리 퀴리는 아름다운 자연 속에서 산책하거나 말을 타고 춤도 추며 즐겁게 지냈습니다.

그 당시 폴란드에서는 여성이 대학에 다닐 수 없었습니다. 그래서 마리 퀴리와 언니들은 외국에 가서 공부할 계획을 세웠습니다. 문제는 돈이었습니다. 아버지는 겨우 돈을 마련해 언니 브로니아를 먼저 파리로 보내 의학을 공부하게 했습니다. 동생인 마리 퀴리는 자기 차례를 기다려야 했지요. 열다섯 살에 김나지움을 1등으로 졸업한 마리 퀴리는 바르샤바에 사는 변호사 가족의 가정교사로 들어가 1년 동안 일한 뒤, 시골의 지주이자 귀족이었던 조라브스키의 아이들을 가르쳤지요. 그리고 그곳에서 조라브스키의 격려를 받으며 농부의 아이들을 위한 무료 학교를 세웠습니다. 당시에 이런 일은 위험하고 불법적인 활동이었습니다.

마리 퀴리는 여유롭게 산책을 하거나 썰매를 탈 수 있는 시골을 좋아했습니다. 조라브스키의 맏딸과는 친한 친구가 되었고, 밤에는 자신이 원하는 공부를 할 수 있었지요. 특히 수학과 물리학을 열심히 공부했습니다. 그러다가 바르샤바 대학의 수학과 학생이었던 조라브스키의 맏아들과 사랑에 빠지면서 조라브스키 집안과의 관계에 금이 가 버렸습니다. 두 사람은 결혼할 계획을 주위에 알렸지만, 조라브스키는 아들이 무일푼의 가정교사와 결혼하는 것을 허락하지 않았습니다. 조라브스키의 아들은 그 뒤로도 4년 동안 갈피를 잡지 못한 채 방황했고, 마리 퀴리도 희망에 부풀었다가 실망하며 괴로워하기를 반복했습니다.

조라브스키 가족을 떠난 마리 퀴리는 바르샤바에서 세 번째 가정교사 자리를 찾아 1년 동안 일한 뒤에 가족이 있는 집으로 돌아왔습니다. 마리 퀴리는 공부를 계속하기 위해 바르샤바의 젊은이들이 집 안에서 서로를 가르치는 지하 협동조합에 가입했습니다. 모두 폴란드 실증주의의 영향을 받은 젊은 학생들이었습니다. 그들은 열심히 일하고 스스로를 계발해 얻은 경험과 지식을 사람들과 나누었습니다. 그것이 탄압받는 조국을 위해 봉사할 수 있는 가장 좋은 방법이라고 믿었습니다. 그러던 중에 마리 퀴리는 사촌이 운영하는 실험실에서 직접 실험해 볼 기회를 얻었습니다. 그는 이 시절의 경험에 대해 이렇게 회고했습니다.

> 기대하지 않았던 작은 성공에 용기를 얻을 때도 있었고, 숙련도가 부족해 사고가 나거나 실패하는 바람에 깊은 절망에 빠지기도 했다. (…) 나는 학문이 발전하는 과정은 빠르지도 않고 쉽지도 않다는 사실을 배웠다.

1891년, 스물네 살이 된 마리 퀴리는 마침내 언니 브로니아가 있는 파리로 갔습니다. 언니는 의사가 되었고 결혼해서 첫 아이를 임신 중이었습니다. 마리 퀴리는 소르본 대학에 입학했고 학교에서 가까운 다락방을 빌렸습니다. 당시 소르본 대학은 비교적 외국인 여성을 학생으로 받아 주는 분위기였습니다. 프랑스인 여성은 거의 받지 않았으면서 말입니다. 마리 퀴리는 대학에서 전공과목을 수학과 물리학으로 택했습니다. 그리고 첫 강의를 듣고 나서 큰 좌절에 빠졌지요. 김나지움을 졸업한 뒤로는 주로 혼자서 공부했기 때문에 진도를 따라가기가 벅찼거든요. 특히 수학은 준비가 부족해서 많이 힘들었습니다. 하지만 마리 퀴리는 낮에는 도서관에서, 밤에는 추운 다락방에서 공부에 매진하며 실력을 키웠습니다. 결국 그는 1893년에 과학자로서 자격이 있다는 인증을 받고, 이듬해에는 수학자 자격 인증을 받았습니다.

1894년에 마리 퀴리는 피에르 퀴리Pierre Curie를 만났습니다. 서른다섯 살의 피에르 퀴리는 이미 존경받는 물리학자였습니다. 그는 화학 결정에 대한 연구와 압전기의 발견으로 알려져 있었지요. 압전기란 특정 화학 결정을 압축할 때 발생하는 전기입니다. 마리 퀴리는 자서전에서 피에르 퀴리와의 첫 만남을 회상하며 이렇게 묘사했습니다.

> 그는 적갈색 머리카락에 눈이 크고 맑으며 키가 큰 젊은이였다. 표정은 진지하고 친절했지만, 태도는 약간 무심했다. 마치 몽상가가 생각에 푹 빠져 있는 것처럼.

두 사람은 곧바로 과학과 사회에 관한 주제로 긴 대화를 나눴고, 다시 만나기로 했습니다. 얼마 지나지 않아 피에르 퀴리는 마리 퀴리에게 함께 과학에 헌신하며 살자고 청혼했습니다. 폴란드로 돌아가고 싫었던 마리 퀴리는 조금 망설였습니다. 하지만 그는 폴란드의 부모님 집에서 긴 휴가를 보내고 파리로 돌아와 1895년 7월에 피에르 퀴리와 결혼했습니다. 두 사람은 친척들이 보내 준 축의금으로 산 자전거를 타고 프랑스 시골을 여행했습니다. 퀴리 부부는 그 뒤에도 종종 자전거로 시골을 여행하곤 했습니다.

실험실에 있는 피에르 퀴리와 마리 퀴리

두 사람은 서로에게 무척 헌신적이었습니다. 마리 퀴리는 피에르 퀴리의 과학 실력뿐 아니라 이타적이고 너그러운 마음, 진보적인 사회관과 세속적 성공에 대한 무관심을 존경했습니다. 피에르 퀴리는 마리 퀴리를 모든 면에서 자신과 동등하게 여겼고, 삶의 동반자이자 "내 연구의 영혼"이라고 불렀습니다. 1897년에는 딸 이렌 퀴리Irène Curie가 태어났습니다. 이렌이 태어날 무렵, 피에르 퀴리의 아버지 외젠 퀴리 Eugène Curie도 이들 부부와 함께 살았습니다. 외젠은 퀴리 부부가 실험실에서 연구에 몰두하는 동안 이렌을 돌보았지요.

피에르 퀴리는 강의하는 학교 구석에 있는 작은 실험실에서 화학결정 연구를 계속했고, 마리 퀴리는 여러 가지 방법으로 단련한 강철의 자기적 성질을 조사해 1897년에 논문을 발표했습니다. 그러고 나서 마리 퀴리는 박사 학위논문을 어떤 주제로 쓸지 궁리하기 시작했습니다. 그는 남편과 의논한 끝에 당시에 발견된 신기한 현상인 우라늄 선에 대해 쓰기로 정했습니다.

1895년에 빌헬름 뢴트겐Wilhelm Röntgen은 엑스선을 발견했습니다. 엑스선은 고 에너지 전자선을 물질(특히 금속)에 충돌시킬 때 생기는 전자기파입니다. 엑스선은 진공관을 빠져나와서 물질을 투과하고 사진판에 영상을 남깁니다. 프랑스 과학자 앙투안 앙리 베크렐Antoine Henri Becquerel은 그 뒤에 우라늄 선을 발견했습니다. 특정 우라늄 염을 사진판 위에 덮은 검은 종이 위에 놓으면, 우라늄 염에서 나온 선이 종이를 투과해서 사진판에 자국을 남겼던 것입니다. 베크렐은 처음에는 우라늄이 이전에 흡수한 빛을 다시 내보내는 것뿐이라고 생각했어요. 하지만 우라늄 염을 어두운 찬장에 며칠 동안 보관한 다음에 실험했을 때도 같은 현상이 나타나는 걸 보고 우라늄이 스스로 선을 방출한다는 사실을 분명히 알게 되었지요. 베크렐의 실험에 자극을 받은 일흔세 살의 영국 과학자 켈빈 경Lord Kelvin은 우라늄 선이 엑스선처럼 공기에 전기를 통하게 했어요. 그것을 측정할 수 있다는 사실을 보여 주었습니다. 안타깝게도 우라늄 선은 과학자들의 관심을 잠깐 끌었을 뿐 더 이상 연구되지 않았습니다.

마리 퀴리는 우라늄 선을 더 깊이 연구해 보기로 했습니다. 그는 남편과 함께 광물이 공기에 전기를 통하게 하는 효율을 측정하는 장치를 만들었습니다. 그러고 나서 우라늄 염을 비롯해 지인들에게 얻은 다른 원소와 광물들을 조심스럽게 측정해 보았습니다. 금과 구리를 비롯한 원소 열한 개는 선을 방출하지 않았는데 놀랍게도 검고 무거운 피치블렌드(우라늄과 라듐이 들어 있는 광물 원석-옮긴이)가 순수한 우라늄보다 활성이 높았습니다. 마리 퀴리는 피치블렌드에 우리가 아직 모르는 다른 원소가 들어 있고, 그 원소는 우라늄보다도 활성이 높다고 추측했지요. 그리고 이 활성에 '방사능'이라는 이름을 붙였습니다. 마리 퀴리는 곧 피치블렌드에 들어 있는 미지의 물질보다는 약하지만 토륨이라는 원소도 우라늄보다 방사능이 강하다는 사실을 발견했습니다.

마리 퀴리는 프랑스 과학 아카데미에 이러한 발견을 보고하면서 두 가지 중요한 사실을 강조했습니다. 첫째, 방사성은 몇몇 원소의 원자핵이 지닌 특징이라는 점입니다. 우라늄이나 토륨의 양을 늘리자 방사능의 양도 그에 비례해서 늘어났습니다. 온도나 화학결합의 변화는 전혀 영향을 미치지 않았지요. 둘째, 방사능 자체가 알려지지 않은 원소가 존재한다는 사실을 가리킬 수 있다는 점입니다.

이 무렵 남편 피에르 퀴리는 화학 결정 연구를 그만두고 마리 퀴리의 연구에 합류했습니다. 퀴리 부부가 이 발견의 의미를 과학자들에게 알리려면 피치블렌드에 들어 있는 새로운 원소를 분리해 내야 했지요. 두 사람은 가능한 많은 양의 피치블렌드 가루를 만들어 원소들을 화학적으로 분리했고 분리할 때마다 둘로 갈라진 덩어리들을 각각 시험해서 어느 쪽이 방사능이 더 강한지 측정했습니다. 방사능이 더 강한 쪽에 그들이 찾아내려는 새 원소가 들어 있을 테니까요.

퀴리 부부는 분광기를 이용해 화합물의 순도를 시험했습니다. 화합물을 가열한 뒤에 거기서 방출되는 빛을 프리즘에 통과시켰지요. 계속해서 여러 개의 분광선이 보였습니다. 화합물이 아직 순수하지 않다는 뜻이었습니다. 여러 단계를 거쳐 분리한 화합물의 방사능이 우라늄의 300배를 넘었는데도 말입니다.

두 사람이 오랫동안 분석한 결과, 피치블렌드에는 두 개의 서로 다른 방사성 원소가 들어 있었습니다. 주로 비스무스와 섞여 있던 첫 번째 원소는 마리 퀴리의 조국 폴란드를 기념해 '폴로늄'이라고 이름 붙였습니다. 주로 바륨과 함께 발견

파리의 유명 일간지에 실린 퀴리 부부의 그림
(로널드 K. 스멜처 제공)

되었던 두 번째 원소는 '라듐'이라고 이름을 붙였고요. 그리고 피치블렌드에서 분리한 라듐 화합물을 우라늄의 900배에 이르는 방사능이 나올 때까지 정제하자 그때까지 알려지지 않은 위치에서 붉은 색의 분광선을 발견할 수 있었습니다.

1898년, 프랑스 과학 아카데미는 마리 퀴리의 훌륭한 연구 성과를 인정하고 상금 3,800프랑을 전달했습니다. 비록 마리 퀴리에게 직접 연락하지 않고 남편을 통해 소식을 전했지만 말입니다.

라듐의 존재를 확인하고 난 뒤, 피에르 퀴리와 마리 퀴리는 각자 다른 연구 주제를 맡았습니다. 마리 퀴리는 새 원소를 정제해서 원자량과 주기율표 위치를 알아내기로 했고, 피에르 퀴리는 그들이 발견한

방사선의 물리적 성질을 조사했습니다. 마리 퀴리는 우라늄 가공 공장에 부탁해서 솔잎이 섞인 갈색 가루로 된 우라늄 폐기물을 받았습니다. 그리고 지붕에 구멍이 난 오래된 격납고에서 이것을 정제하는 작업을 반복했지요. 라듐을 정제하는 일이 얼마나 어려운지 미리 알았더라면 절대로 그 일을 하지 않았을 거라고 회고하기도 했습니다.

> 우리는 낡은 창고에서 하루 종일 연구만 하며 가장 행복한 나날을 보냈다. (…) 어떤 날에는 내 키만 한 무거운 철봉으로 끓는 액체를 젓는 데 하루를 다 쏟아야 했다. (…) 반면에 아주 꼼꼼하고 정교하게 분별 증류를 하는 날도 있었다. (…) 그때 나는 떠다니는 철과 석탄가루 때문에 힘들게 얻은 귀중한 반응 생성물들이 더러워지는 게 몹시 거슬렸다. 그러나 연구실의 고요한 분위기에서 오는 기쁨과 연구가 진척될 때마다 느껴지는 흥분은 표현할 길이 없을 정도였다. (…) 특히 밤에 실험실에 가는 일은 크나큰 기쁨이었는데 밤이 되면 생성물이 든 병이나 시험관의 윤곽이 희미하게 빛났다. (…) 어둡게 빛나는 시험관들은 마치 희미한 꼬마전구 같았다.

1902년에 마침내 마리 퀴리는 피치블렌드 1톤에서 라듐 0.1그램을 분리하는 데 성공했습니다. 라듐의 질량수(해당 원소의 원자핵에 들어 있는 양성자 수와 중성자 수의 합-옮긴이)는 226으로 추정했습니다. 이듬해에 마리 퀴리는 라듐 연구로 박사 학위를 받았습니다. 그리고 같은 해에 퀴리 부부는 베크렐과 함께 방사성 연구로 노벨 물리학상을 받게 되었습니다. 두 사람은 큰 상금을 받았고 사람들에게도 널리 인정받았습니다. 하지만 퀴리 부부는 자주 아팠고 몹시 지쳐 있었습니다. 방사능에 너무 많이 노출된 탓이었지요. 그들은 수상자로 발표되고 2년이 지나서야 노벨상(스웨덴의 기술자이자 화학자 알프레드 노벨Alfred Nobel이 만든 상-옮긴이)을 받으러 스웨덴의 수도 스톡홀름에 갈 수 있었습니다.

노벨상을 받은 퀴리 부부는 프랑스 언론의 커다란 주목을 받았습니다. 방문객이 예고 없이 집과 실험실로 찾아왔고, 인터뷰를 거절당한 기자들은 마음대로 인터뷰 내용을 지어 냈습니다. 과학자 부부의 학문 탐구와 낭만을 시작으로 라듐 추출 기술에 대해 특허를 신청하지 않기로 한 관대한 결정 등 수많은 기사가 쏟아져 나왔습니다.

라듐은 대중의 마음을 사로잡았습니다. 사람들은 희미하게 빛나는 푸른 라듐이 류머티즘에서 암까지 치료하는 기적의 물질일 거라고 상상했습니다. 대중의 관심을 받게 되자 퀴리 부부는 생활이 불편해졌습니다. 특히 피에르 퀴리는 이렇게 방해를 받으면 더는 연구를 할 수 없다고 불평하기도 했습니다.

1904년에 피에르 퀴리는 소르본 대학의 물리학과 학과장으로 임명되었고, 마리 퀴리는 실험실의 책임자로 임명되었습니다. 소르본 대학에 두 사람만의 실험실이 새로 생긴 거예요. 그뿐이 아닙니다. 마리 퀴리에게 세브르 사범대학에서 젊은 여학생들에게 물리학을 가르칠 기회가 생겼습니다.

사범대학에 부임한 마리 퀴리는 교육과정을 개편하고 실험 수업을 추가했습니다. 그사이 둘째 딸 에브 퀴리Ève Curie도 태어났지요.

1906년, 퀴리 부부의 앞날은 희망차 보였습니다. 둘 다 몹시 피로

했고 피에르 퀴리의 건강도 좋지 않았지만, 제대로 된 실험실을 갖게 될 것에 기뻐했습니다. 실험실이 준비되는 동안 피에르 퀴리는 원래 쓰던 낡은 실험실에서 라듐이 내보내는 열을 재고 열이 어디서 생기는 것인지 분석했습니다.

라듐이 외부에서 에너지를 흡수했다가 열을 내보내는 것이었을까요, 아니면 라듐 원자핵이 붕괴하며 열에너지가 나오는 것이었을까요?

피에르 퀴리는 딸 이렌을 데리고 바닷가나 시골로 산책을 다니며 이러한 의문들을 곰곰이 생각했습니다. 그러다 잠깐씩 생각에서 빠져나와 산책길에 보이는 동물과 식물을 가리키며 이렌에게 자연의 역사를 설명해 주곤 했습니다.

폭풍우가 치던 1906년 4월 19일, 그날도 피에르 퀴리는 생각에 잠긴 채 연구실에서 나와 집으로 걸어가고 있었습니다. 빗길에 발이 미끄러져 넘어진 피에르 퀴리 쪽으로 마침 마차가 달려왔습니다. 순식간에 벌어진 일에 미처 피하지 못한 그는 마차 바퀴 아래에 깔려 목숨을 잃었습니다.

마리 퀴리는 비탄에 빠졌지만 차분함을 잃지 않았습니다. 전 세계에서 위로 편지와 추도사가 쏟아질 때에도 감정을 일기 속에 숨겼지요.

마치 최면에 걸린 듯 아무것도 개의치 않는 것처럼 길을 걷는다. 나는 스스로 목숨을 끊지 않을 것이다. 자살하려는 의욕조차 없다. 하지만 이 많은 마차 가운데, 사랑하는 그의 뒤를 따르게 해 줄 마차가 하나쯤 있지 않을까?

가장 친밀한 벗이자 공동 연구자였던 남편을 잃은 마리 퀴리는 자신이 과학을 계속할 수 있을지 의문이 들었습니다. 하지만 한 달도 되지 않아 마리 퀴리는 다시 고요한 실험실을 찾았습니다. 마리 퀴리가 연구에 몰두하는 동안에는 언니가 딸들을 돌봐 주었습니다. 마리 퀴리의 일상은 이제 아이들과 보내는 시간과 실험실에서 일하는 시간, 남편의 묘에 가는 시간으로 나눠졌습니다.

소르본 대학에서 처음으로 여성이 강의하는 모습
(로널드 K. 스멜처 제공)

피에르 퀴리가 사망하자 소르본 대학은 마리 퀴리에게 남편의 강의를 대신 맡아 달라고 부탁했습니다. 이로써 마리 퀴리는 소르본 대학의 수백 년 역사상 첫 번째 여자 교수가 되었습니다. 그는 세브르 사범 대학의 여학생들도 강의를 들을 수 있게 하는 조건으로 강의를 맡았습니다.

마리 퀴리의 첫 번째 강의가 있던 날, 많은 사람이 강의실을 찾았습니다. 한 학생은 그날 마리 퀴리의 얼굴이 매우 창백했다고 전하며 다음과 같이 회고했습니다.

얼굴에는 표정이 없었고, 검은색 원피스는 매우 소박했습니다. 빛나는 넓은 이마가 눈에 띄었습니다. 이마 위로 잿빛이 섞인 가느다랗고, 숱 많은 금발 머리카락이 보였고, 머리카락을 뒤로 바짝 묶었는데 무척 아름다웠습니다.

마리 퀴리는 소르본 대학의 이례적인 조치에 대한 언급이나 남편을 기리는 말 한마디 없이 곧바로 강의를 시작했습니다. 그가 담담한 표정으로 "지난 10년 동안 물리학의 발전을 살펴보면, 전기와 물질에 대한 우리의 생각이 얼마나 크게 바뀌었는지 놀라지 않을 수 없습니다."라고 말하자 많은 청중의 눈에 눈물이 맺혔습니다.

마리 퀴리는 2년 동안 검은색 옷만 입었고, 사람들과 어울리지 않았습니다. 그는 두 딸을 돌봐 준 시아버지와 함께 파리 교외의 소Sceaux 지역에 있는 시골집으로 이사했습니다. 시아버지는 그곳에서 정원을 가꾸었고, 마리 퀴리는 남편이 묻힌 묘지에 자주 들렀습니다. 마리 퀴리는 근처에 사는 소르본 대학 교수들의 자녀를 위한 학교 설립을 도왔습니다. 소르본 대학 강의록을 정리해 1,000쪽 분량의 《방사능에 대하여》라는 책을 펴내기도 했습니다.

마리 퀴리와 두 딸 에브와 이렌

그러다가 학교 설립에 관한 활동을 하면서 폴 랑주뱅Paul Langevin과 친해졌습니다. 피에르 퀴리의 제자였던 랑주뱅은 네 명의 자녀들을 데리고 불행한 결혼 생활을 이어가던 중이었습니다. 마리 퀴리를 향한 연민으로 시작된 두 사람의 관계는 같은 연구자로서 공감대를 이루다 곧 연인으로 발전했습니다. 마리 퀴리는 다시 사랑하는 사람과 물리학을 연구하는 것을 꿈꿨지만 오래 지나지 않아 물거품으로 돌아갔습니다. 랑주뱅의 실수로 그의 부인이 마리 퀴리의 편지를 두 번이나 발견한 것이었습니다. 랑주뱅의 부인은 마리 퀴리를 죽이겠다고 협박했고, 마리 퀴리는 큰 위협을 느꼈습니다.

1911년, 지인들은 마리 퀴리에게 프랑스 과학 아카데미에 회원 신청을 해 보라고 권했습니다. 만약 성사된다면 최초의 여성 회원이 되는 것이었습니다. 그러나 일부 보수 언론의 반대 때문에 회원이 되지 못했고, 이후 다시는 프랑스 과학 아카데미에 회원 신청을 하지 않았습니다. 수많은 외국의 과학 아카데미로부터 회원 초대를 받았음에도 말입니다.

마리 퀴리는 그해 벨기에에서 열린 제1회 솔베이 물리학회에 초청을 받아 참석했습니다. 그런데 바로 그때, 저속하고 선정적인 기사를 주로 쓰는 가십지에서 마리 퀴리와 랑주뱅의 연애 사건을 기사로 내보냈습니다. 마리 퀴리는 도덕적인 프랑스 여성의 가정을 파괴한 악랄한 외국 여성으로 묘사되어 있었습니다.

마리 퀴리의 지인과 동료들은 언론에 직접 나서 그를 옹호했습니다. 기사가 나오고 이틀 뒤, 스웨덴 왕립 과학 아카데미는 마리 퀴리에게 두 번째 노벨상을 주기로 결정했습니다. 라듐과 폴로늄을 발견한 업적을 인정해 이번에는 화학상을 주기로 한 것이었지요. 하지만 프랑스에서는 마리 퀴리의 노벨상 소식에 대해 입도 벙긋하지 않고 마리 퀴리에 대한 악의적인 기사가 쏟아질 뿐이었습니다. 급기야 같은 해 11월에는 마리 퀴리가 랑주뱅에게 보낸 편지가 신문에 대문짝만하게 실렸습니다. 화가 난 랑주뱅은 그 신문의 편집장에게 결투를 청했습니다. 이 소식을 듣고 스웨덴 아카데미의 스반테 아레니우스Svante Arrhenius(1903년에 노벨 화학상을 탄 스웨덴의 화학자-옮긴이)는 스웨덴 왕립 과학 아카데미 측에서 랑주뱅과의 관계를 미리 알았더라면 마리 퀴리에게 노벨상을 주지 않았을 것이란 편지를 보냈습니다. 뿐만 아니라 상을 받으러 직접 오지 않는 것이 좋겠다고도 덧붙였지요. 도덕성을 공격받은 마리 퀴리는 그에게 답장을 보냈습니다.

> 당신의 조언대로 한다면 저는 중대한 잘못을 저지르게 됩니다. 이 상은 저 개인이 아니라 라듐과 폴로늄의 발견에 주어진 것이기 때문입니다. 제 학문적 업적과 사생활은 완전히 별개라고 믿습니다.

마리 퀴리는 아무 일도 없다는 듯이 스톡홀름에 가서 스웨덴의 왕 구스타프 5세가 수여하는 노벨상을 받았습니다.

극심한 스트레스를 받은 마리 퀴리는 이때부터 몇 년 동안 신우신염으로 고통을 겪었습니다. 신우신염은 신장에 세균이 감염되어 열이

나고 심한 통증이 동반되는 병인데 심해지면 오줌에 고름이 섞여 나오기도 합니다. 아직 항생제가 나오지 않았던 터라 마리 퀴리는 요양소를 전전하며 휴식을 취하고 병이 낫기를 기다렸습니다. 강한 의지로 병마와 싸운 마리 퀴리는 다시 연구에 복귀할 수 있을 만큼 건강해졌습니다. 논문을 쓰고, 실험실을 운영하고, 라듐 연구소를 세우고, 어니스트 러더퍼드Ernest Rutherford와 함께 라듐 표본의 방사능과 순도를 측정하는 국제 라듐 표준 단위를 개발했습니다.

1914년에 제1차 세계대전이 일어났습니다. 마리 퀴리는 제2의 조국인 프랑스를 위해 무슨 일을 해야 할지 고민했습니다. 늘어난 부상자를 치료하기 위해 프랑스 여기저기에 군 소속 병원이 세워졌습니다. 하지만 이 병원들 가운데 엑스선 촬영 장비가 제대로 작동하는 곳은 거의 없었습니다. 마리 퀴리는 엑스선 촬영 장비 설치를 돕기로 했습니다. 먼저 엑스선 기계들을 모아 설치하고 자원봉사자들에게 기계 사용법을 가르쳤습니다. 적십자사의 도움을 받아 기증받은 승합차에 이동식 엑스선 촬영실도 꾸렸지요. 덕분에 전쟁터 근방에도 엑스선 촬영 장비를 보낼 수 있게 되었습니다.

마리 퀴리는 열일곱 살이 된 딸 이렌의 도움을 받아 수천 장의 엑스선 사진을 찍어 부러진 뼈의 모습을 기록했고, 몸에 박힌 무기 파편들을 수술 전에 찾아냈습니다. 전쟁이 끝날 때까지 퀴리 가족은 병원 200곳에 엑스선 촬영 장비를 설치했고, 스무 대의 이동식 엑스선 촬영실을 만들었습니다. 그들은 어려운 상황 속에서도 프랑스 전역을 돌아다니며 의료인이나 자원봉사자들과 함께 밤낮없이 일했습니다. 한편 남자들에게 엑스선 촬영을 가르쳐 놓으면 곧잘 국가에서 불러 다른 일을 시켰기 때문에 마리 퀴리는 파리의 라듐 연구소에서 간호사를 위한 방사선과 수업을 열었습니다. 소르본 대학 물리학과에 다니던 이렌도 어머니와 함께 간호사들을 가르쳤습니다. 이 기간에 마리 퀴리는 전쟁의 잔혹한 모습을 일기에 기록해 두었습니다.

> 내가 최근 몇 년 동안 무수히 목격한 장면들을 한번 보기만 해도 전쟁을 떠올리는 것조차 증오하게 될 것이다. 진흙과 피로 범벅이 되어 응급차로 데려온 소년과 남성 들, 부상으로 죽어 간 사람들, 오랜 통증과 괴로움을 겪은 뒤에야 천천히 회복되던 사람들.

한편 제1차 세계대전의 결과로 마리 퀴리에게는 무척이나 기쁜 소식이 생겼습니다. 베르사유 조약으로 조국 폴란드가 해방되어 독립 국가가 된 거예요.

전쟁이 끝난 후에 마리 퀴리는 라듐 연구소를 튼튼히 세우고 보완하는 데 주력했습니다. 후원금을 모금하고, 학생과 과학자들을 지도했지요. 라듐 연구소는 크게 두 개의 연구실로 나뉘어 있었습니다. 첫 번째 연구실에서는 물리학과 화학 연구를 했습니다. 의사 클로디우스 르고Claudius Regaud가 이끄는 두 번째 연구실에서는 암 등의 질병 치료를 위한 라듐의 잠재력을 알아보았습니다.

1920년에 마리 퀴리는 미국의 기자 마리 멜로니Marie Meloney를 만났습니다. 마리 퀴리에게 깊은 인상을 받은 멜로니는 상황을 조금 부풀려서 가난 속에서 고되게 일하는 겸손한 프랑스 과부의 이야기를 내세워 모금 운동을 했습니다. 미국 여성들은 퀴리에게 라듐 1그램을 선물하자며 10만 달러를 모으는 데 기꺼이 협조했습니다. 1921년에 마리 퀴리는 딸 이렌과 함께 미국을 방문했습니다. 그는 언론에 자주 모습을 비쳤고, 많은 대학과 기관에서 명예 학위를 받았으며, 미국 대통령 워런 하딩Warren Harding에게 직접 라듐을 선물 받았습니다. 미국 여행에서 마리 퀴리가 가장 좋아했던 것은 나이아가라 폭포와 그랜드 캐니언, 그리고 여자대학 방문이었습니다. 검은색 원피스를 입은, 소박하고 검소하며 나서기 싫어하는 마리 퀴리는 세계적인 과학자의 상징이자 훌륭한 기금 조성자의 이미지를 갖고 있었습니다.

1920년대에 마리 퀴리는 전쟁 중에 다진 조직력으로 라듐 연구소에 훌륭한 연구자들과 장비를 모았습니다. 연구소에서 제공하는 일자리 가운데 일부는 여성과 외국인에게 할당되었습니다. 마리 퀴리는 방사성 붕괴 과정을 정확하게 밝히는 데 집중했습니다. 라듐 연구소의 후배 과학자들도 중요한 발견들을 해냈습니다. 마르그리트 페레 Marguerite Perey는 프랑슘을 발견했고, 마리 퀴리의 딸 이렌과 사위 프레데리크 졸리오Frédéric Joliot는 인공 방사능을 발견했습니다.

한편 1920년대부터 방사능의 유해성에 관한 증거들이 쌓이기 시작했습니다. 라듐 연구소를 비롯해 세계 여러 연구소의 과학자들이 병에 걸리거나 죽었습니다. 마리 퀴리는 연구소에 소속된 사람들에게 피

검사를 자주 받게 했고, 검사 결과가 정상 수치를 벗어나면 시골에 가서 쉬게 했습니다. 그는 맑은 공기에 사람을 치료하는 힘이 있다고 믿었습니다. 심지어 자신이 오래 사는 것을 보면 라듐이 그렇게까지 해롭지는 않은 것 같다고 말하기도 했습니다. 마리 퀴리는 계속해서 수영을 했고 아이스 스케이트를 탔으며 시골길을 산책했습니다. 그러다가 1934년, 예순여섯 살의 나이에 극심한 악성 빈혈에 걸려 프랑스 알프스산맥에 있는 요양

마리 퀴리가 쓴 《방사선학과 전쟁》의 표지
(로널드 K. 스멜처 제공)

소에 머물다 숨졌습니다. 오랜 기간 방사선을 쐬어 백혈병이나 재생 불량성 빈혈(골수가 손상되어 혈액세포가 잘 만들어지지 않아서 생기는 빈혈-옮긴이)에 걸린 것으로 추정됩니다.

마리 퀴리의 장례식은 소박했습니다. 파리 교외에 있는 사랑하는 피에르 퀴리 옆에 묻혔습니다. 퀴리 부부의 유해는 나중에 프랑스를 빛낸 위인들의 묘를 모아 놓은 판테온 사원으로 옮겨 갔습니다.

마리 퀴리는 열정적이고 고집이 셌으며 과학이 세상을 이롭게 하리라고 굳게 믿었습니다. 그는 20세기에 국제적인 명성을 얻은 최초의 여성 과학자였습니다. 마리 퀴리의 방사성 원소의 발견으로 말미암아 물리학과 화학에 새로운 분야가 생겨났고, 이 분야는 나중에 핵물리학

으로 발전했습니다. 방사성이 화학적 성질이 아니라 원자핵의 특성이라고 여긴 마리 퀴리의 통찰 덕분에 새로운 분야로 발전할 수 있었던 것입니다. 원자는 더 이상 쪼갤 수 없는 기본 단위가 아니었습니다. 원자는 더 기본적인 작은 입자들로 구성되어 있고, 원자가 쪼개지면 원자의 성질과 원소의 종류가 달라질 수 있다고 생각을 전환할 수 있게 되었습니다.

폴란드의 1월 봉기

200년 넘게 지속된 폴란드-리투아니아 연방(1569~1795)은 왕과 귀족 의회
가 지배했습니다. 가장 번성했던 시기에 인구는 1,100만 명에 달했고 영
토는 오늘날의 라트비아와 벨라루스, 우크라이나의 대부분을 차지했습니
다. 이후 군사력과 경제력이 쇠퇴하면서 1795년에 오스트리아와 프로이
센, 러시아에 의해 분할 통치되었습니다. 마리 퀴리가 태어나기 4년 전인
1863년에 폴란드에서는 1월 봉기가 일어났지만 18개월 만에 무참하게 실
패했고, 그 뒤로 러시아는 더욱 무자비하게 폴란드를 탄압했습니다. 폴란
드는 1918년 제1차 세계대전이 끝날 때까지 독립하지 못했습니다. 그리
고 21년 뒤, 히틀러가 폴란드를 침공하면서 제2차 세계대전이 시작되었
습니다.

죽음의 원소 라듐

라듐은 엄청나게 기적적인 원소처럼 보였습니다. 그래서 의사와 사업가들은 서둘러 라듐을 활용해 다양한 시도를 했습니다. 그들은 라듐을 넣은 비누나 연고로 습진과 낭창(결핵성 피부병 가운데 하나-옮긴이) 때문에 생긴 피부 발진을 치료했고, 라듐 염으로 여러 가지 암을 치료했습니다. 결핵 등으로 폐가 감염된 환자에게는 라듐이 분해될 때 나오는 라돈 기체를 들이마시게 했습니다. 사업가들은 이를 하얗게 만들어 주는 라듐 치약을 시작으로 라듐이 든 목욕용 소금, 음료수, 헤어크림을 만들었고 라듐을 넣어 은은하게 빛나는 시계 숫자판도 만들었습니다.

그러나 이러한 치료법들은 소용이 없었을 뿐만 아니라 그야말로 최악이었습니다. 라듐에서 나오는 방사선은 세포를 파괴하고 DNA를 변형시킵니다. 그래서 암에 걸리거나, 골수(뼈의 한가운데 들어 있는 물질로 혈액세포를 만듦-옮긴이) 세포가 죽어서 심한 빈혈에 걸리게 됩니다.

1928년, 이른바 '라듐 소녀' 다섯 명의 이야기가 대중에게 알려졌습니다. 이들은 시계 숫자판에 붓으로 라듐을 칠하는 일을 했는데, 붓을 가지런하고 뾰족하게 유지하기 위해 붓을 혀에 대고 침을 바르라는 지시를 받았습니다. 반면 관리자들은 납 차폐막을 넣은 작업복을 입었습니다. 이후에 암, 골절, 턱 괴사 등을 겪게 된 라듐 소녀들은 고용주를 상대로 소송해서 이겼습니다. 이 일은 미국에서 처음으로 산업 안전법을 제정하는 계기가 되었습니다.

10 핵분열의 물리학

리제 마이트너
Lise Meitner
1878~1968

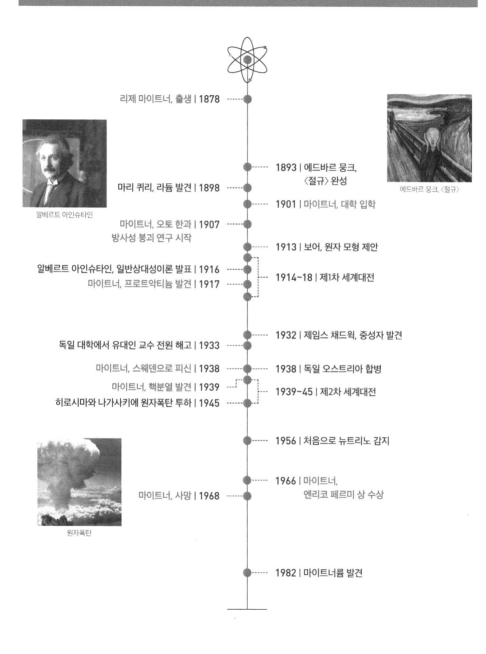

연표 | 1878~1982

리제 마이트너, 출생 | 1878

1893 | 에드바르 뭉크, 〈절규〉 완성

에드바르 뭉크, 〈절규〉

마리 퀴리, 라듐 발견 | 1898

1901 | 마이트너, 대학 입학

알베르트 아인슈타인

마이트너, 오토 한과 | 1907
방사성 붕괴 연구 시작

1913 | 보어, 원자 모형 제안

알베르트 아인슈타인, 일반상대성이론 발표 | 1916
마이트너, 프로트악티늄 발견 | 1917

1914~18 | 제1차 세계대전

독일 대학에서 유대인 교수 전원 해고 | 1933

1932 | 제임스 채드윅, 중성자 발견

마이트너, 스웨덴으로 피신 | 1938

1938 | 독일 오스트리아 합병

마이트너, 핵분열 발견 | 1939

1939~45 | 제2차 세계대전

히로시마와 나가사키에 원자폭탄 투하 | 1945

1956 | 처음으로 뉴트리노 감지

1966 | 마이트너,
엔리코 페르미 상 수상

마이트너, 사망 | 1968

원자폭탄

1982 | 마이트너륨 발견

1946년 11월에 열린 노벨상 시상식은 리제 마이트너에게 매우 고통스러운 경험이었습니다. 핵분열을 발견한 과학자 중 한 명인 마이트너는 독일에서 망명해 1938년부터 스톡홀름에서 살고 있었습니다. 그래서 오래된 동료이자 친구인 오토 한Otto Hahn이 노벨 화학상을 타러 스톡홀름에 온다는 소식을 듣고, 따뜻하게 맞이해 줄 생각이었지요. 하지만 두 사람이 오랫동안 함께 고민하고

젊은 시절의 리제 마이트너

연구한 결과로 한 혼자서만 노벨상을 받는 상황이 괴롭기도 했습니다.

노벨상 위원회의 무관심보다 슬펐던 것은 한의 태도였습니다. 한은 마이트너의 역할을 인정하지 않았고, 독일이 제2차 세계대전에서 저지른 만행에 대한 책임도 전혀 인정하지 않았습니다. 마이트너는 "한은 그저 과거를 덮고 있었다. (…) 나는 그가 덮고 싶은 과거의 일부였다."라고 속내를 털어놓았습니다. 그렇다고 마이트너의 태도가 변한 것은 아니었어요. 시상식에 참석하고, 한 부부를 위해 저녁 만찬을 여는 등 전과 다름없이 행동했습니다. 언론이 마이트너를 한의 조수로

취급했을 때에도 드러내 놓고 불평하지 않았습니다.

마이트너는 오스트리아의 빈에서 8남매 중 셋째로 태어났습니다. 음악가인 어머니와 변호사로 일하던 아버지 모두 유대인이었습니다. 뛰어난 음악적 재능을 지닌 언니 아우구스테Auguste는 작곡가이자 피아노 연주자가 되었습니다. 마이트너도 평생 음악을 사랑했지만, 그의 재능은 다른 데 있었습니다.

늘 베개 밑에 수학책을 숨겨 놓고 잠들던 마이트너는 호기심이 무척 많았지요. 한번은 독실한 유대교 신자인 할머니가 안식일에 바느질을 하는 것은 나쁜 행동이기 때문에 하늘이 무너질지도 모른다고 말했습니다. 그 말을 들은 어린 마이트너는 소심하게 자수 천에 바늘을 꽂아 보았는데 아무 일도 생기지 않았습니다. 그래서 바늘로 조심스럽게 한 땀을 떴습니다. 여전히 하늘은 무너지지 않고 그대로 있었습니다. 안심한 마이트너는 곧 활기차게 바느질을 했습니다. 할머니의 무서운 경고가 진짜인지 시험해 보고, 거짓이라는 것을 알아낸 것입니다.

또 한번은 물웅덩이에 떨어진 기름 몇 방울이 아름다운 색을 띠는 모습을 보고 놀라 아버지에게 어떻게 이러한 현상이 생기는지 물었습니다. 아버지는 얇은 기름 막에 반사된 빛의 간섭 현상이 무지갯빛으로 나타나는 과정을 설명해 주었지요.

19세기 오스트리아에서 여성은 열네 살까지만 공교육을 받을 수 있었습니다. 여성이 가질 수 있는 유일한 직업은 교사였고요. 마이트너는 내키지 않았지만 여학교에서 프랑스어를 가르치기 위한 교사 양성 수업을 받았습니다. 그리고 언니 아우구스테의 음악 수업에 들어가는 돈에 보태기 위해 어린 여학생들에게 과외를 했고, 구호 단체에서 자원봉사도 했습니다.

마이트너가 열아홉 살이 되던 해, 오스트리아 대학은 여성에게도 대학 입학을 허락했습니다. 단, 입학시험에 통과해야 한다는 조건이 달렸습니다. 하지만 당시 여학생들은 고등학교를 다니지 못했기 때문에 입학시험에 합격하기 어려웠습니다. 마이트너는 아버지의 조언에 따라 일단 교사 양성 교육을 끝까지 받았습니다. 그리고 여학생 몇 명과 함께 4년 이상 걸리는 대학 준비 교과과정을 2년 만에 이뤄 냈습니다.

1901년, 오스트리아 대학의 입학시험에 여성 열네 명이 지원했지만 마이트너를 포함한 네 명의 여성만 합격했습니다. 대학에 입학한 마이트너는 열정적인 물리학자 루트비히 볼츠만Ludwig Boltzmann에게 물리학을 배웠습니다. 볼츠만은 학생들에게 '절대적 집중, 강철 같은 태도, 지치지 않는 강한 정신'을 요구했습니다. 마이트너의 조카 오토 로베르트 프리슈Otto Robert Frisch는 볼츠만을 이렇게 기억했습니다.

볼츠만은 마이트너에게 물리학이 궁극적인 진실을 얻기 위한 전투라는 신념을 심어 주었고, 마이트너는 이 신념을 한 번도 저버리지 않았다.

마이트너는 오스트리아에서 물리학 박사 학위를 받은 두 번째 여성임에도 불구하고 물리학자로 취업하기란 하늘에 별 따기였어요. 그래서 낮에는 프랑스어를 가르쳤고, 밤에는 방사선을 연구하는 실험실에 조수로 자원해서 일하며 논문도 두 편이나 발표했습니다. 그러던 중 믿을 수 없는 일이 일어났습니다. 독일 베를린의 프리드리히-빌헬름 대학의 막스 플랑크^{Max Planck}가 마이트너를 지도 학생으로 받아 주겠다고 한 거예요. 그 전까지 플랑크는 '자연은 여성의 소명을 어머니와 주부로 설계해 놓았다'고 믿는 보수적 성향의 학자였거든요.

양자론의 아버지 막스 플랑크

교육을 많이 받은 여성의 자녀는 선천적으로 몸이 허약하다고 생각할 정도로 여성에 대한 편견이 심했던 학자인데, 마이트너를 제자로 들인 것입니다.

당시 독일 베를린의 물리학계는 거의 남자밖에 없었습니다. 스물여덟 살의 마이트너는 너무 수줍어서 몸이 굳어 버릴 것 같았지만, 용기를 내어 물리학 실험실에 일자리를 구했습니다. 플랑크에게 배운 물리 이론을 실험에 적용하고 싶었던 마이트너는 1907년에 화학자 한과 공동으로 방사성 붕괴 연구를 시작했습니다.

마이트너와 같은 또래에 매력적이고 편안하며 외향적인 성격의 한은 마이트너와 연구자로서 궁합이 잘 맞았습니다. 한은 철저하고 세심한 화학자였고, 마이트너는 이론과 실험이 상생하는 연구 주제를 고르는 뛰어난 물리학자였으니까요.

연구를 시작하고 처음 2년 동안 마이트너는 한의 실험실 안에 들어

가지 못했습니다. 연구실의 최고 책임자인 에밀 피셔Emil Fischer(1902년에 노벨 화학상을 탄 독일의 유기화학자-옮긴이)가 화학 실험실에 여성은 들어오지 못하게 했기 때문입니다. 여성의 긴 머리카락에 불이 붙어 화재가 날 수 있다는 이유에서였지요. 그래서 마이트너는 건물 지하실에서 실험을 했고, 화장실에 가야 할 때는 건너편 호텔로 가야만 했습니다. 그러다가 1909년에 들어서야 피셔가 마음을 바꾸어 마이트너도 건물 위층에서 진행되는 세미나와 특강에 참여할 수 있게 되었습니다. 물론 실험은 지하실에서 해야 했지만요.

마이트너는 6년 동안 무보수로 객원 연구원 생활을 했습니다. 아버지가 보내 주는 용돈으로 근근이 생활을 이어 갔어요. 빵 한 조각과 차 한 잔으로 식사를 때울 때도 많았습니다. 1912년까지 마이트너는 스무 편 이상의 논문을 썼습니다. 논문의 제1저자는 거의 항상 한이 차지했지만 말입니다. 그해에 플랑크는 마이트너를 조교로 고용했습니다. 마이트너는 학생들의 과제를 채점했고, 그제야 플랑크를 중심으로 한 물리학자들의 일원이 된 기분이 들었습니다. 그들은 저녁에 플랑크의 집에서 함께 어울리곤 했습니다. 알베르트 아인슈타인Albert Einstein은 바이올

실험실에 있는 리제 마이트너와 오토 한

린을 연주했고, 마이트너는 다른 과학자들에게 브람스의 가곡을 가르쳤습니다.

1913년, 한때 마이트너를 지하실에서 나오지 못하게 했던 피셔가 그를 새로 세워진 독일 카이저 빌헬름 화학 연구소의 정식 연구원으로 채용했습니다. 마이트너는 한과 직급이 동등해졌고, 두 사람은 함께 연구소의 방사성 연구부를 운영했습니다. 그들은 그곳에서 우라늄이 붕괴하는 여러 단계 가운데 방사성 원소 악티늄의 바로 전에 존재하는 원소를 찾는 연구를 계속했습니다.

제1차 세계대전이 시작되자 연구소의 젊은 남자 대부분이 군에 합류했습니다. 한도 마찬가지였습니다. 독일인이었던 한은 곧 프리츠 하버Fritz Haber(1918년 노벨 화학상을 탄 독일의 화학자로 제1차 세계대전 때 화학 무기를 개발함 -옮긴이)의 비밀 화학 무기 부서로 배치되었습니다. 한편 마이트너는 프랑스에서 마리 퀴리가 활약하는 모습에 영감을 받아 간호사와 엑스선 촬영 기사 훈련을 받았습니다. 그리고 오스트리아가 러시아와 싸우는 전장으로 가서 간호병으로 일했습니다.

전장에서 마이트너는 1,000번 이상 엑스선 촬영을 했고, 전기 장비를 고쳤으며, 수술을 도왔습니다. 또 전쟁으로 고통받는 환자들을 목격한 뒤에는 전쟁에 반대하게 되었습니다. 그가 친구에게 보낸 편지에는 이렇게 적혀 있었습니다.

아무리 운이 좋아도 결국 불구가 될, 이 불쌍한 사람들은 매일 끔찍한 통증을 겪어. 여기 오면 그들이 지르는 비명과 신음 소리를 들을 수 있고, 끔찍한 상처들을 볼 수 있지. (…) 이 모든 걸 보고 나면 누구나 전쟁에 대해 나름대로의 생각을 갖게 돼.

1916년, 더 이상 전장에서 할 일이 없어진 마이트너는 다시 연구소로 돌아와 악티늄 연구를 계속했습니다. 동료 연구자인 한과 연구 내용을 자세히 적은 편지를 주고받았고, 한은 휴가를 받을 때마다 연구실에 들렀습니다. 전쟁이 끝날 무렵 마이트너는 91번 원소 프로트악티늄을 분리하는 데 성공했습니다. 주기율표에서 토륨과 우라늄 사이에 비어 있던 자리를 채운 것입니다. 으레 그랬듯이 이번에도 한의 이름을 논문 맨 앞에 써 넣었습니다.

1919년, 독일 화학회는 프로트악티늄을 발견한 공로로 한에게 에밀 피셔 상을 수여했습니다. 그리고 마이트너에게는 한의 메달과 똑같은 복제품을 주었습니다.

전쟁이 끝나고 마이트너는 독일 카이저 빌헬름 연구소에 새로 생긴 물리학 연구실의 책임자로 임명되었고, 1922년에는 교수로서 처음으로 대학에서 강의했습니다. 강의 제목은 '우주적 작용에 있어 방사성 붕괴의 중요성'이었습니다. 이때 한 신문 기자가 '우주적 작용cosmic processes'을 '화장하는 과정cosmetic processes'이라고 잘못 썼는데 마이트너는 이러한 성차별적 오류에 대응하거나 신경 쓰지 않았습니다. 되레 실험을 불가능하게 만들 수도 있는 방사능 오염을 막기 위해 엄격한 규칙을 정해 실험실을 운영했습니다.

　이후 한과 마이트너는 서로 다른 연구 주제에 몰두했습니다. 한은 계속해서 방사성 물질을 찾았고, 마이트너는 핵물리학의 다양한 문제를 탐구했지요. 특히 마이트너는 원자핵에서 나오는 베타선(전자)의 스펙트럼을 주로 연구했는데, 이때부터 과학계는 그를 주목하기 시작했습니다. 1920년대부터 1930년대 초반까지는 마이트너의 명성이 한을 뛰어넘을 정도였지요. 급기야 두 사람은 해마다 함께 노벨상 후보로 올라 경쟁하는 사이가 되었습니다.

　1933년, 아돌프 히틀러Adolf Hitler가 독일의 정권을 잡았습니다. 독일은 반유대주의 정책을 내세웠고, 히틀러는 독일의 모든 대학에 유대인 교수를 해고하라는 명령을 내렸습니다. 마이트너는 1908년에 개신교도로 세례를 받았음에도 교수직을 잃었습니다. 한도 마이트너를 해고하는 건 부당하다고 항의하며 교수직에서 스스로 물러났지요. 하지만 마이트너는 크게 걱정하지 않았습니다. 한과 마이트너가 일하는 독일 카이저 빌헬름 연구소는 사립 재단이고, 마이트너는 오스트리아 국민이라 연구소에 남아 있을 수 있었거든요. 그에게는 교수직보다 물리학 연구를 계속할 수 있다는

강의하는 리제 마이트너

사실이 중요했습니다.

이 무렵 이탈리아의 물리학자 엔리코 페르미Enrico Fermi는 흥미로운 현상을 발견했습니다. 우라늄에 중성자를 계속 충돌시키면 새로운 입자들이 생긴다는 사실이었습니다. 페르미는 이 입자들이 우라늄(92번)보다 원자 번호가 큰 새로운 원소(93번)를 구성한다는 가설을 세웠지요. 이 현상에 큰 관심을 보인 마이트너는 한에게 공동 연구를 제안했습니다. 새로운 원소를 탐지할 수 있는 방사성 화학자가 필요했기 때문입니다. 또 젊은 화학자 프리츠 슈트라스만Fritz Strassmann도 영입했습니다. 마이트너 연구팀은 이때부터 5년 동안 이탈리아의 페르미, 파리의 이렌 졸리오 퀴리(마리 퀴리의 맏딸-옮긴이)와 경쟁하며 새로운 원소를 추출하고 관찰해 이것의 특징을 알아내기 위해 노력했습니다. 세 연구팀 모두 원자핵의 변화가 작아 주기율표에서 한두 칸 차이가 나는 원소가 나타날 거라고 생각했습니다. 다들 새로 나타난 무거운 원소를 찾으려고만 했지, 우라늄 원자핵이 둘로 쪼개지리라고는 상상도 하지 못했습니다.

한편 독일에서는 유대인 학자들을 둘러싼 분위기가 점점 흉흉해지고 있었습니다. 히틀러와 그를 추종하는 민족주의자들은 상대성이론(물리학의 지평을 바꾼 아인슈타인의 이론-옮긴이)이 오염되었다면서 유대인이 만든 개념에 오염되지 않은 '아리아인(독일 등 유럽의 백인을 가리키는 말-옮긴이)의 과학'을 요구했습니다. 당시 미국에서 강의를 하고 있던 아인슈타인은 이 소식을 듣고 독일로 돌아가지 않기로 결심했습니다. 독일의 유명 과학 학술지의 편집장은 유대인이라는 이유로 해고되었고요. 마이트너 역시 수요일마다 열리는 물리학 학술 토론회에 참여할 수 없었습니다. 한은 연구소가 아닌 다른 장소에서 발표할 때 마이트너의 이름을 입에 올리지도 못했습니다. 급기야 마이트너에게 연구소를 그만두는 게 어떻겠냐고 묻기도 했지요. 이때 플랑크가 나서 마이트너의 연구를 독려했고, 한도 마음을 바꾸었습니다.

1938년 4월, 독일이 오스트리아와 합병했습니다. 하룻밤 사이에 마이트너는 오스트리아 국민으로서 지위와 권리를 잃었습니다. 동료 물리학자들은 마이트너가 도피할 곳을 알아보았고, 외국에서 열리는 세미나와 강연에 마이트너를 초대했습니다. 그러나 오스트리아 여권이 유효하지 않아 외국으로 가는 것이 쉽지만은 않았습니다.

독일 정부는 유대인들의 숨통을 조이며 과학자의 국외 여행을 금지했습니다. 보다 못한 덴마크의 물리학자 닐스 보어Niels Bohr와 네덜란드의 물리학자 디르크 코스터르Dirk Coster가 마이트너를 돕기 위해 직접 나섰습니다. 코스터르는 마이트너를 데리러 베를린으로 갔습니다. 한도 돈이 필요하거나 국경에서 뇌물이 필요할 때 쓰라고 모친이 물려준 다이아몬드 반지를 챙겨 주었고요. 마이트너는 짐을 최대한 가볍게 꾸린 뒤에 코스터르와 함께 기차를 타고 네덜란드 국경을 넘었습니다.

보어는 마이트너에게 한때 마이트너가 방사성 과학 강의를 한 스톡홀름 물리학 연구소에 일자리를 마련해 주었습니다. 연구소의 책임자는 노벨상 수상자이자 유럽 최초의 사이클로트론(입자 충돌 실험에 쓰는 입자 가속기의 한 종류-옮긴이)을 만들고 있었던 만네 시그반Manne Siegbahn이었지요. 불행히도 그는 마이트너를 싫어했습니다. 마이트너에게 실험실로 쓸 공간을 주었지만, 실험 장비나 보조 인력은 마련해 주지 않았고 월급도 쥐꼬리만큼 주었습니다. 마이트너와 일하고 싶어 하는 학생이 들어오면 중간에 설득해서 가로채기도 했습니다. 쉰아홉 살에 친구도 가족도 재산도 없이 외국으로 피신한 마이트너는 물리학 연구를 계속할 기회조차 제대로 얻지 못했습니다. 마이트너는 한에게 보낸 편지에 자신이 기계인형처럼 느껴진다고 썼습니다.

제1차 세계대전 때와 달리 이번에는 한이 연구를 진행하고 마이트너와 편지를 주고받으며 실험에 대해 논의했습니다. 1938년 12월, 한은 마이트너에게 우라늄과 중성자가 충돌해서 생긴 입자들 중 하나가 56번 원소인 바륨처럼 보인다고 편지에 써서 보냈습니다. 한은 대체 왜 바륨이 생기는지 이해할 수 없었고, 다음과 같이 편지를 보내 마이트너에게 조언을 구했습니다.

무언가 좋은 방법이 없을까요? 아무리 생각해도 도저히 우라늄이 붕괴해서 바륨이 될 수 없을 것 같은데.

이틀 뒤에 마이트너는 답장을 보냈습니다.

실험 결과가 정말 수수께끼 같군요. (…) 그러나 우리는 핵물리학을 연구하면서 놀라운 현상을 많이 보았고, 이 결과가 마냥 불가능하다고 할 수는 없을 것 같아요.

한은 이 말에 용기를 얻어 서둘러 실험 결과를 논문으로 발표했습니다.

새해가 되자 마이트너는 스웨덴 서부의 휴양지에서 조카 프리슈와 시간을 보냈습니다. 프리슈는 피아노를 잘 쳤고, 마이트너와 피아노 이중주를 연주하는 것을 좋아했습니다. 한번은 마이트너가 '알레그로 마

피아노를 치는 오토 로베르트 프리슈

논 탄토'라고 적힌 곡의 속도를 따라가지 못했어요. ('알레그로 마 논 탄토'는 곡의 빠르기를 가리키는 이탈리아어로 '빠르게, 하지만 너무 빠르지 않게'라는 뜻입니다.) 그러자 프리슈는 이것이 '빠르게, 하지만 이모는 빠르지 않게'라는 뜻이라며 마이트너를 놀리기도 했습니다.

마이트너의 조카 프리슈도 핵물리학자였고 코펜하겐에서 보어와 연구하고 있었습니다. 한번은 마이트너가 프리슈와 산책을 하다가 한의 실험 이야기를 꺼냈습니다.

우라늄 원자핵에서 양성자와 중성자 몇 개가 떨어져 나와 생긴 거라고 보기에 바륨은 원자핵이 너무 작았어요. 게다가 중성자를 아무리 충돌시켰다고 해도 원자핵을 둘로 나눌 정도로 강한 힘을 갖고 있지는 않았습니다. 그런데 만약에 (…) 원자핵이 물 풍선처럼 늘어나고 찌그러져서 두 덩어리로 나뉘어 갈라진다면요? 만약에 그렇다면 둘로 나뉘는 순간 아인슈타인의 공식 $E=mc^2$에 따라 에너지가 방출될 거예요.

마이트너와 프리슈는 산책을 멈추고 종이를 꺼내어 계산하기 시작했습니다. 그 결과, 새로 생긴 두 원자가 서로 반대 방향으로 이동할 만큼 충분한 에너지가 방출되었습니다. 두 사람은 계산을 뒷받침하기 위해 무슨 실험을 해야 할지 깨달았습니다. 프리슈가 실험을 맡기로 했습니다.

코펜하겐으로 돌아간 프리슈는 보어에게 그들의 아이디어를 알렸습니다. 그러자 보어는 이마를 치며 외쳤지요.

"아, 등잔 밑이 어두웠군!"

보어는 아무에게도 말하지 않겠다고 약속하고 미리 예정된 미국 행 배에 올랐습니다. 그러나 배에서 동료 물리학자와 함께 이 주제에 관한 수식들을 정리했고, 동료 물리학자는 미국에 도착하자마자 이에 관한 소문을 냈습니다. 결국 전 세계의 여러 연구실에서 원자핵이 갈라지는 것을 증명하기 위한 경쟁에 돌입했지요. 한편 마이트너의 조카 프리슈는 실험과 측정을 주의 깊게 반복했습니다.

어느 날 그는 생물학자에게 세포가 둘로 갈라지는 현상을 가리키는 용어가 무엇이냐고 물었습니다. 생물학자는 '분열'이라고 답했지요. 그다음부터 프리슈는 원자핵이 둘로 갈라지는 과정을 '핵분열'이라고 불렀습니다.

핵분열 반응은 사상 최초로 투입한 에너지보다 방출되는 에너지가 더 많은 현상이었습니다. 미국과 유럽의 물리학자들은 핵분열 현상이 곧 막대한 파괴력을 지닌 폭탄을 만들 수 있다는 뜻임을 알아챘습니다. 적어도 이론적으로는 말입니다. 미국 정부는 마이트너를 맨해튼 프로젝트(제2차 세계대전 당시 미국, 영국, 캐나다가 함께 비밀리에 추진한 핵폭탄 개발 계획-옮긴이)에 초대했어요. 하지만 마이트너는 제1차 세계대전의 참상을 떠올리며 거절했어요. 마이트너는 실험도 하지 못하는 상태로 스웨덴에 고립되었습니다. 그는 덴마크, 프랑스, 네덜란드가 독일에 차례차례 점령되어 그곳에 머물고 있는 많은 친구와 동료가 위험에 빠지는 상황을 지켜보며 걱정했습니다. 자신을 구해 준 네덜란드의 코스터르 가족과 오스트리아에 머물고 있는 자신의 가족에게 먹을거리를 챙겨 보내기도 했습니다.

전쟁이 끝날 무렵, 마이트너는 나치 수용소에 대해 알게 되었고 큰 충격을 받았습니다. 몇 달 뒤에는 히로시마와 나가사키에 원자폭탄을 떨어뜨렸다는 소식을 듣고 진저리를 쳤지요. 미국의 한 유명 언론이 마이트너의 연구가 원자폭탄을 만드는 데 기여했다고 영광을 돌리자 마이트너는 반박문을 내걸었습니다.

저는 원자 충돌 실험을 하면서 죽음의 무기를 만들 생각은 추호도 하지 않았습니다. 전쟁 기술자들이 우리의 발견을 이용해서 벌인 짓을 두고 과학자들을 탓해서는 안 됩니다.

그해에 노벨상 위원회는 마이트너를 노벨 물리학상 후보로 고려했지만 시그반의 반대로 무산되었지요. 이듬해에 마이트너는 오토 한의 곁에 서서 그의 노벨 화학상 수상을 지켜보았습니다. 한은 자신의 업적에 물리학이 전혀 무관했다고 주장했습니다.

전쟁이 끝난 뒤에도 마이트너는 스웨덴에 남았습니다. 연구 환경은 예전보다 훨씬 좋아졌습니다. 1947년, 마이트너는 예전에 일하던 독일의 연구소로 돌아와 소장을 맡아 달라는 슈트라스만의 부탁을 거절했습니다. 독일을 떠난 사람들과 독일에 머문 사람들 사이의 골이 너무 깊었던 탓이지요. 이후에 마이트너는 미국에서 몇 번 강연을 하고

리제 마이트너

친척들을 방문했습니다. 대학에서 강의를 하고, 등산을 하거나 음악을 즐기며 지냈지요. 노벨상 이후 마음의 거리가 멀어졌던 한과도 다시 돈독한 우정을 나눴습니다.

1960년, 퇴직한 마이트너는 조카 프리슈와 함께 살기 위해 영국 케임브리지로 이주했습니다. 마이트너는 노벨상을 받지 못한 것과 물리학의 역사에서 자신의 이름이 지워진 것에 대해 단 한 번도 사람들 앞에서 불평한 적이 없습니다. 편지와 일기를 통해 자신의 입장을 밝혀 둘 뿐이었지요.

1966년에 미국 원자력 위원회는 마이트너와 한, 슈트라스만에게 엔리코 페르미 상을 주었습니다. 이들은 엔리코 페르미 상을 받은 최초의 외국인 과학자들이었습니다. 그로부터 2년 뒤에 마이트너는 아흔 번째 생일을 앞두고 세상을 떠났습니다.

1982년, 독일의 과학자들이 비스무스와 철을 융합해 당시 가장 무거운 금속 원소인 109번 원소를 만들었습니다. 그들은 마이트너의 '핵분열의 물리학에 대한 기초 연구' 업적을 기리며 새 원소의 이름을 '마이트너륨'이라고 지었습니다.

독일의 오스트리아 합병

1938년 3월, 오스트리아의 나치당 당원들은 독일과의 합병에 대한 국민 투표 예정일 전에 쿠데타를 일으켰습니다. 쿠데타에 성공한 그들은 독일에 정권을 넘겼고, 독일군은 오스트리아를 점령했습니다. 한 달 뒤에 나치는 합병에 대해 찬반 투표를 실시한 다음, 오스트리아 국민의 99퍼센트 이상이 찬성했다고 발표합니다. 이 사건을 '독일의 오스트리아 합병'이라고 부릅니다.

핵분열

핵분열이 일어날 때 무거운 방사성 원소에 중성자를 마구 충돌시키면 원소가 더 가벼운 두 개의 원소로 갈라지면서 방사선, 에너지, 빠른중성자를 많이 내보냅니다. 이 중성자들은 다시 옆에 있는 원자와 충돌해서 그 원

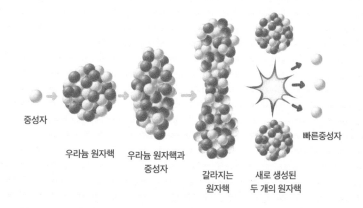

중성자

우라늄 원자핵 · 우라늄 원자핵과 중성자 · 갈라지는 원자핵 · 새로 생성된 두 개의 원자핵

빠른중성자

175

자를 분열시킵니다. 이러한 연쇄 반응이 천천히 일어나도록 통제할 수 있다면, 핵에너지를 생산해서 에너지원으로 쓸 수 있습니다. 그러나 통제할 수 없이 연쇄 반응이 계속 일어난다면, 갈라지는 원자의 개수가 기하급수적으로 늘어납니다. 이렇게 해서 짧은 순간에 폭발적으로 에너지가 방출되는 것이 바로 원자폭탄의 원리입니다. 미국이 일본 히로시마와 나가사키에 떨어뜨린 원자폭탄 말입니다.

11 현대 대수학의 창시자

에미 뇌터
Emmy Noether
1882~1935

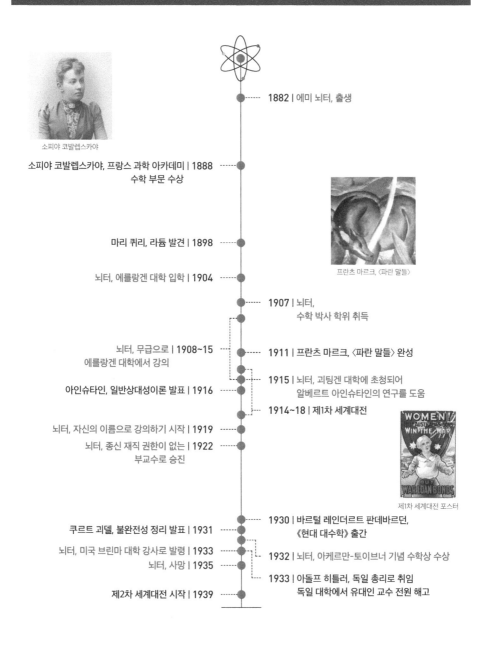

소피야 코발렙스카야

소피야 코발렙스카야, 프랑스 과학 아카데미 | 1888
수학 부문 수상

마리 퀴리, 라듐 발견 | 1898

뇌터, 에를랑겐 대학 입학 | 1904

프란츠 마르크, 〈파란 말들〉

1882 | 에미 뇌터, 출생

1907 | 뇌터,
수학 박사 학위 취득

뇌터, 무급으로 | 1908~15
에를랑겐 대학에서 강의

1911 | 프란츠 마르크, 〈파란 말들〉 완성

아인슈타인, 일반상대성이론 발표 | 1916

1915 | 뇌터, 괴팅겐 대학에 초청되어
알베르트 아인슈타인의 연구를 도움

1914~18 | 제1차 세계대전

뇌터, 자신의 이름으로 강의하기 시작 | 1919
뇌터, 종신 재직 권한이 없는 | 1922
부교수로 승진

제1차 세계대전 포스터

쿠르트 괴델, 불완전성 정리 발표 | 1931

1930 | 바르털 레인더르트 판데바르던,
《현대 대수학》 출간

뇌터, 미국 브린마 대학 강사로 발령 | 1933
뇌터, 사망 | 1935

1932 | 뇌터, 아케르만-토이브너 기념 수학상 수상

1933 | 아돌프 히틀러, 독일 총리로 취임
독일 대학에서 유대인 교수 전원 해고

제2차 세계대전 시작 | 1939

키가 작고 뚱뚱한 에미 뇌터는 시끄럽고 매사 열정적이었습니다. 흔히 말하는 우아한 여인은 아니었지요. 뇌터는 수학을 무척 사랑했고, 수학 이야기를 할 때면 남의 시선은 전혀 신경 쓰지 않았습니다. 수학자 올가 타우스키Olga Taussky는 뇌터가 어느 점심 만찬에서 수학을 논하며 격렬하게 손짓했고, 옷에 음식이 쏟아졌는데도 대충 닦아 내고 계속해서 말하더라고 회고하기도 했습니다. 하루는 수업 중 쉬는 시간에 여학생 두 명이 다가가 뇌터의 구겨진 옷을 펴고 머리카락을 단정하게 정리해 주려 했습니다. 그러자 뇌터는 다가오지 말라고 손짓했습니다. 그는 다른 학생들과 수학 이야기를 하던 중이었습니다.

에미 뇌터

뇌터는 독일에서 태어나 평범하게 자랐습니다. 그는 부유한 유대인 가정의 네 자녀 중 맏이였습니다. 아버지는 철을 수입하는 사업가 집안 출신이었고, 어머니는 도매상 집안 출신이었지요. 아버지 막스 뇌터 Max Noether는 어릴 때 소아마비를 앓아 한쪽 다리를 절었지만, 독일 에를랑겐 대학의 수학 교수였습니다. 어린 뇌터는 근시가 있었을 뿐 건강하고 친절하며 똑똑했습니다. 또래 친구들이 모인 생일 파티에서 어려운 퀴즈를 혼자 푼 적도 있었지만, 그밖에는 특별한 재능을 드러내지 않는 평범한 아이였습니다. 뇌터는 피아노를 배웠고 춤추기를 좋아했습니다.

19세기 후반에 독일에서는 대학은 물론 고등학교에서도 여학생을 받지 않았습니다. 뇌터는 부모님의 기대에 따라 교사 양성 교육을 받았습니다. 열여덟 살이 되던 해에는 프랑스어와 영어 교사 자격시험을 5일 동안 치르고 우수한 성적으로 통과했습니다. 그러고 나서 뇌터는 아무도 예상하지 못한 행동을 했습니다. 교사 일자리를 알아보는 대신에 아버지가 근무하는 에를랑겐 대학에서 2년 동안 청강하기로 한 것입니다. 불과 2년 전에 이 대학의 교수들은 남학생과 여학생이 같이 강의를 들으면 학문적 기강이 무너진다면서 함께 수업을 듣지 못하게 했습니다. 뇌터는 강의마다 일일이 교수의 개인적인 허락을 받고 청강해야 했습니다. 다행히도 교수 대부분이 뇌터의 아버지와 친한 사이여서 허락을 받을 수 있었고요.

열심히 공부한 뇌터는 1903년 7월, 대학 입학시험에 통과했습니다. 하지만 대부분의 대학에서 학점과 학위를 받을 수 없었고 청강만 가능했습니다. 하는 수 없이 뇌터는 괴팅겐 대학으로 가서 펠릭스 클라인Felix Klein에게 수학을 배우기로 했습니다. 클라인은 뫼비우스의 띠처럼 안과 겉이 구분되지 않는 클라인 병을 만든 것으로 유명했고, 다른 학자들과 달리 여학생들의 학업을 든든하게 지지해 주었습니다. 1904년에 에를랑겐 대학에서 여학생을 받기로 하자 뇌터는 에를랑겐 대학으로 돌아갔습니다. 뇌터는 당시 독일에서 학위를 받기 위해 대학에서 공부하는 여성 80명 중 하나였습니다.

클라인 병

대학에서 뇌터는 아버지와 아버지의 동료 파울 고르단Paul Gordan 에게 수학을 배우며 박사 학위논문을 썼습니다. 뇌터는 자신의 학위논문을 가리켜 '수식투성이'라고 겸손하게 말했지만, 우수한 성적으로 박사 학위를 받기에 충분히 뛰어난 논문이었습니다.

학위를 받고 나서 8년 동안 뇌터는 부모님 댁에 얹혀 살면서 보수와 직위도 없이 대학에서 강의했습니다. 아버지의 건강이 나빠져 결국 휠체어에 의지하는 신세가 되자 아버지의 강의를 일부 넘겨받기도 했지요. 그러면서 논문을 썼고 외국에서 강연을 했으며 박사 과정 학생을 지도했습니다.

뇌터의 명성은 나날이 높아져 갔습니다. 1915년, 다비트 힐베르트 David Hilbert(수학의 거의 모든 분야에 큰 영향을 미친 독일의 수학자-옮긴이)와 클라인은 뇌터를 괴팅겐으로 초대했습니다. 알베르트 아인슈타인의 일반상대성이론을 수학적으로 정립하는 일을 도와달라고 말이에요. 힐베르트는 "물리학은 물리학자들에게 너무 어렵습니다."라고 말했고, 뇌터는 기꺼이 괴팅겐으로 갔습니다. 얼마 지나지 않아 아인슈타인은 힐베르트에게 보낸 편지에 이렇게 썼습니다.

> 뇌터 양은 시시때때로 내 연구에 조언을 해 줍니다. (…) 내가 이 주제를 잘 이해하게 된 것은 다 뇌터 양 덕분입니다.

1918년에 뇌터는 일반상대성이론과 입자 물리학의 기반이 되는 두 개의 정리를 증명했습니다. 그 가운데 하나인 뇌터 정리는 대칭성과 보존의 법칙이 긴밀하게 연결되어 있음을 보여 주었습니다. 뇌터 정리는 물리학의 법칙이 모든 시공간에서 유효함을 입증합니다.

이때까지도 뇌터는 계속 보수를 받지 못했고, 친척들이 마련해 준 후원금으로 먹고살았습니다. 그는 관습에 얽매이지 않았고, 머리카락은 짧게 자르는 것을 좋아했으며, 가톨릭 신부처럼 길고 검은 외투를 입고 가방은 비스듬하게 매고 다녔습니다. 뇌터는 괴팅겐 대학에 공식적으로 고용된 것이 아니라서 처음에는 힐베르트의 이름으로 열린 강의를 맡았습니다. 그러다가 1919년에 아인슈타인과 힐베르트의 도움으로 마침내 자신의 이름을 걸고 강의할 수 있게 되었습니다. 동료 수학자 헤르만 바일Hermann Weyl은 "뇌터가 나보다 훨씬 더 뛰어난데 나만 이렇게 좋은 직위를 차지하고 있다니 부끄럽다."라고 고백하기도 했습니다.

1922년에 뇌터는 마흔 살이 되어서야 '종신 재직 권한이 없는 부교수'가 되었고, 적게나마 월급을 받기 시작했습니다. 당시 뇌터는 여성이었고, 유대인이자 사회주의자에 평화주의자였으므로 여러모로 불리했습니다.

1920년대부터 뇌터는 수학의 새로운 분야로 눈을 돌렸습니다. 그는 현대 대수학(숫자를 대표하는 일반적인 문자를 사용해 수의 관계, 성질, 계산 법칙 따위를 연구하는 학문-옮긴이)의 기틀을

강의 중인 에미 뇌터

세웠고 군론과 환론, 정수론도 연구했습니다. 뇌터는 숫자와 예시를 배제하고 추상적 개념을 밀고 나갔습니다. 그러면서 다른 수학자들이 서로 다르다고 생각했던 대수학, 기하학, 위상학의 문제가 사실은 하나의 문제임을 알게 되었습니다.

> 고모가 수학을 연구한 것은 그저 재미있었기 때문이다. 자신의 연구가 오늘날 얼마나 쓸모 있게 활용되고 있는지 알게 된다면 아마도 깜짝 놀라 무덤 속에서 뒤척일지도 모른다. (조카 헤르만 뇌터Herman Noether의 증언)

괴팅겐 대학의 교수 237명 가운데 여자 교수는 단 두 명이었는데 뇌터가 그중 하나였지요. 뇌터는 목소리가 크고 털털해서 남자 교수와도 잘 어울렸습니다. 학교에서 가장 낮은 연봉을 받았지만 돈이 많이 필요해 보이지는 않았습니다. 오히려 막내 남동생에게 용돈을 주고, 조카들의 교육비를 저금할 만큼 검소하게 생활했습니다. 지도하는 남

학생들에게도 음식과 필요한 물품 등을 나눠 주기도 했습니다. 뇌터는 자신의 수학적 발상에 대한 소유권을 주장하지 않았고, 학생들에게 그것을 논문으로 발전시키기를 권했습니다. 그는 큰 소리로 이야기하며 산책하는 것을 좋아했고, '남성 전용' 팻말이 붙은 공공 수영장에서 수영을 즐겼습니다. 일주일에 6일은 저렴한 단골 식당에서 식사했고요.

외국인 학생을 비롯해 많은 학생이 뇌터의 강의를 들으러 찾아왔습니다. 뇌터는 형식적인 강의보다는 학생들의 수학적 발상에서 출발해 즉흥적인 대화를 나눌 때가 많았습니다. 훗날 뇌터의 학생들은 환론, 군론을 연구하는 뛰어난 수학자가 되었습니다.

뇌터는 모스크바에서 1년 동안 방문 교수로 일했고, 프랑크푸르트에서 몇 달 동안 강의했습니다. 1932년에는 국제 수학회 총회의 기조 강연자로 초대받은 첫 번째 여성이 되었지요. 그리고 같은 해에 수리 해석학에 기여한 업적으로 아케르만-토이브너 기념 수학상을 받았습니다. 뇌터가 그때까지 발표한 논문은 총 45편이었고 모두 국제적인 명성을 얻었습니다. 앞으로 20년은 더 수학 발전에 이바지할 수 있을 것처럼 보였습니다.

1933년, 아돌프 히틀러가 독일 총리가 되었습니다. 대학생들 사이에서 나치즘이 인기를 얻어 히틀러 돌격대원이 입는 갈색 셔츠에 나치 문양을 달고 학교에 오는 학생까지 생겼습니다. 곧이어 대학에서 유대인 교수를 해고하기 시작했고, 괴팅겐 대학에서는 뇌터를 가장 먼저 해고했습니다. 학생들과 동료 교수들은 뇌터의 편에 서서 항의했습니다. 그들은 뇌터의 모든 학생과 수학적 발상이 전부 '아리아인'의 것이므로 복직하게 해 달라고 교육부에 탄원서를 넣었습니다.

안타깝게도 탄원은 수포로 돌아가고 말았습니다. 뇌터는 유대인 일 뿐 아니라 여성인 데다 사회주의자였으니까요. 더욱이 "여자의 세계는 남편, 가족, 자녀, 집이다. 여자가 남자의 세계에 밀고 들어오는 일은 옳지 않다."라며 히틀러가 여성 근로자 80만 명을 해고하겠다는 대대적인 공약을 내걸고, 여성들의 사회 활동을 제한했습니다.

뇌터는 일자리를 잃고 슬퍼하는 대신 집에서 세미나를 열기 시작했습니다. 학교에서 강의를 듣던 학생들이 그의 세미나를 들으러 왔습니다. 한 학생이 돌격대원 옷을 입고 나타나자 뇌터는 웃음을 터뜨리며 학생에게 들어오라고 말했습니다. 그 모습에 뇌터의 동료이자 친구인 바일은 깜짝 놀라 "뇌터의 용기와 솔직함, 자신의 운명에 개의치 않는 태도와 화합 정신은 그 시대의 깊은 증오와 비열함, 절망과 슬픔 속에서 (…) 도덕적 위안이 되었습니다."라고 말했지요.

뇌터를 걱정한 친구들은 외국에 일자리를 알아보기 시작했습니다. 그리고 미국 펜실베이니아에 위치한 브린마 대학에서 연봉 4,000달러의 강사직을 제안했지요. 뇌터는 1933년 가을, 미국으로 갔습니다. 첫 출근일에 뇌터는 친구들이 하도 옷차림에 신경을 쓰라고 해서 고상해 보이는 모자를 쓰고 나갔

브린마 대학 재직 시절의 에미 뇌터

브린마 대학의 정문

는데, 모자 없이도 돌아다니는 여성들을 보고는 바로 벗어던졌지요.

붙임성 좋은 뇌터는 브린마 대학에서 만난 수학자 애나 펠 휠러 Anna Pell Wheeler와 금방 친해졌습니다. 독일 괴팅겐 대학에서 공부했던 휠러는 뇌터와 깊은 공감대를 형성했지요.

뇌터는 우수한 학생 세 명을 맡아 현대 대수학을 가르쳤는데, 강의를 시작하기에 앞서 휠러가 학생들을 불렀습니다. 뇌터의 두꺼운 안경이나 투박한 신발, 유행에 뒤처진 옷차림을 보고 놀리지 말라고 충고하고, 그를 존중하라고 일렀지요. 휠러의 걱정과 달리 학생들은 뇌터를 무척 좋아했습니다. 한 학생은 "뇌터 교수님은 우리 눈높이에 맞춰 주셨어요. 마치 그 정리들에 대해 처음 생각해 본다는 듯이 행동하셨지요."라며 뇌터를 향한 마음을 전하기도 했어요. 뇌터는 틈나는 대로 학생들과 어울려 산책을 하고, 형편이 어려운 학생을 금전적으로 도와주기도 했습니다.

뇌터는 일주일에 한 번씩 프린스턴 대학의 고등과학원에 가서 강의했고, 아인슈타인을 만나 독일에 있는 지인들의 소식을 전했습니다. 바일과 함께 독일 수학자를 위한 구호금을 모으기도 했지요. 두 사람은 외국에서 직장을 잡은 독일 수학자들에게 연봉의 1에서 4퍼센트를 기부받아 독일에 막 도착했거나 독일을 떠나려고 하는 수학자들을 물심양면으로 도왔어요. 적은 금액이었지만 때에 따라서는 결정적인 도움이 되기도 했습니다. 뇌터는 세상을 떠날 때까지 여기에 많은 돈을 기부했습니다.

미국에서 보내는 두 번째 해가 되자 뇌터는 불안해졌습니다. 이제 독일에서 다시 일할 수 없게 되었고, 대학생을 가르치는 것만으로는 성에 차지 않았습니다. 미국에 유대인 학자들이 너무 많이 망명해서 직장을 찾는 일도 점점 더 어려웠습니다. 게다가 난소암이 발병해 뇌터는 마치 임신한 것처럼 보였고, 몸도 무거웠습니다.

1935년 4월 19일, 뇌터는 병원에 입원해 멜론 크기만 한 암 덩어리를 제거했습니다. 수술 경과가 좋다며 안심한 것도 잠시, 수술하고 나흘째 되던 날, 체온이 42.7도로 솟구쳤습니다. 뇌터는 의식을 잃었고 결국 회복하지 못했습니다. 독일의 망명 수학자 뇌터는 쉰다섯 살에 이렇게 세상을 떠났습니다. 아인슈타인은 〈뉴욕타임스〉에 글을 기고해 다음과 같이 뇌터를 추모했습니다.

뇌터는 여성의 고등교육이 시작된 이래 가장 중요하고 창의적인 수학 천재였다.

현대 대수학의 기본 원리

현대 대수학의 선구자들은 우리에게 친숙한 수학 문제나 숫자, 계산보다 더 기본적인 대수학의 구조와 규칙들을 알아내고자 했습니다. 현대 대수학을 구성하는 기본 단위는 원소를 모아 놓은 '집합'입니다. 집합의 두 원소에 연산을 적용했을 때 특정 규칙들에 지배되는 집합을 '군'이라고 정의합니다. 이때 연산의 결과 값도 원래 집합의 원소여야 합니다.

아래 표는 원소가 1과 a 두 개뿐인 아주 간단한 집합의 곱셈 표입니다. 'a × a = 1'이라는 규칙 때문에 이 군은 순환 군(하나의 원소에 의해 생성되는 군으로, a와 a를 곱했을 때 1로 돌아가기 때문에 1과 a로만 이루어진 순환 군이 됨-옮긴이)에 속합니다.

×	a	1
a	1	a
1	a	1

이 곱셈 표를 다음과 같이 읽으면 됩니다.

a × a = 1   1 × a = a

a × 1 = a   1 × 1 = 1

군의 원소들로 곱셈을 한 결과 값도 군에 속합니다.

히틀러의 여성관

히틀러는 독일 사회에서 여성의 역할에 대해 확고한 신념을 갖고 있었습니다. 여성의 유일한 의무이자 진정한 의무는 모성이었습니다. 그는 다음과 같이 말했습니다.

"마르크스주의가 요구하는 것처럼 여성에게 동등한 권리를 주는 것은 오히려 권리를 박탈하는 것과 같다. 더 열등한 영역으로 여성을 끌어들이는 셈이기 때문이다."

나치의 모성애 우표

12 이동성 유전자

바버라 매클린톡

Barbara McClintock
1902~1992

연표 | 1902~1992

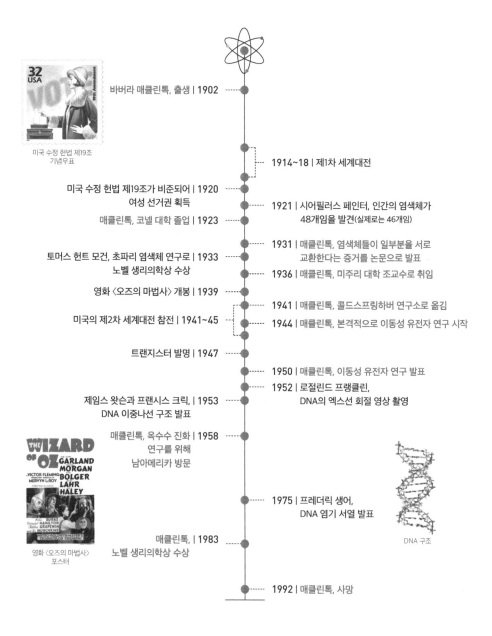

바버라 매클린톡, 출생 | 1902

미국 수정 헌법 제19조
기념우표

1914~18 | 제1차 세계대전

미국 수정 헌법 제19조가 비준되어 | 1920
여성 선거권 획득

매클린톡, 코넬 대학 졸업 | 1923

1921 | 시어필러스 페인터, 인간의 염색체가
48개임을 발견(실제로는 46개임)

1931 | 매클린톡, 염색체들이 일부분을 서로
교환한다는 증거를 논문으로 발표

토머스 헌트 모건, 초파리 염색체 연구로 | 1933
노벨 생리의학상 수상

1936 | 매클린톡, 미주리 대학 조교수로 취임

영화 〈오즈의 마법사〉 개봉 | 1939

1941 | 매클린톡, 콜드스프링하버 연구소로 옮김

미국의 제2차 세계대전 참전 | 1941~45

1944 | 매클린톡, 본격적으로 이동성 유전자 연구 시작

트랜지스터 발명 | 1947

1950 | 매클린톡, 이동성 유전자 연구 발표

1952 | 로절린드 프랭클린,
DNA의 엑스선 회절 영상 촬영

제임스 왓슨과 프랜시스 크릭, | 1953
DNA 이중나선 구조 발표

매클린톡, 옥수수 진화 | 1958
연구를 위해
남아메리카 방문

1975 | 프레더릭 생어,
DNA 염기 서열 발표

THE WIZARD OF OZ
GARLAND
MORGAN
VICTOR FLEMING
BOLGER
LAHR
HALEY

영화 〈오즈의 마법사〉
포스터

매클린톡, | 1983
노벨 생리의학상 수상

DNA 구조

1992 | 매클린톡, 사망

1929년, 바버라 매클린톡은 옥수숫대에 달려 있는 알록달록한 옥수수들이 의아했습니다. 옥수수 알맹이의 색깔 유형이 그때까지 정립된 유전학 법칙에 들어맞지 않았거든요. 그리고 그 순간 영감이 떠올랐습니다. 매클린톡은 곧장 볼펜을 집고 밭에서 옥수수 이삭을 덮는 데 쓰는 갈색 종이봉투를 찾아 자신의 발상을 적어 내려갔습니다. 매클린톡은 이것을 논문 두 편으로 발전시켰고, 훗날 노벨상까지 거머쥐었습니다.

어린 시절에 매클린톡은 말괄량이였습니다. 매클린톡의 부모님은 처음에 딸의 이름을 '엘리너'라고 지었습니다. 그런데 생후 4개월이 지나자 이름이 너무 얌전해서 아이와 어울리지 않는다는 생각이 들었습니다. 결국 매클린톡의 부모님은 딸의 이름을 조금 더 씩씩하게 들리는 '바버라'로 바꾸었습니다. 매클린톡의 아버지는 네 살 된 딸에게 권투 장갑을 선물하기도 했습니다.

매클린톡은 어렸을 적에 아이스 스케이트와 자전거를 탔고 동네 남

젊은 시절의 바버라 매클린톡

자아이들과 야구를 했습니다. 동네 야구팀이 여성이라는 이유로 매클 린톡을 경기에 데리고 나가지 않으려 하자, 매클린톡은 상대 팀 포수로 활약해 경기에서 이겼습니다. 이후로도 매클린톡은 자신이 하려는 일이 사회적 관습 때문에 가로막히는 상황을 용납하지 않았습니다.

매클린톡은 제1차 세계대전 중에 고등학교를 졸업했습니다. 동종 요법 의사였던 아버지는 프랑스 군대에서 군의관으로 일하고 있었지요. 매클린톡은 코넬 대학에 다니고 싶었지만 어머니의 반대에 부딪혔습니다. 어머니는 여성이 공부를 많이 하면 결혼하기 어렵다고 생각했습니다. 매클린톡의 언니도 학창 시절 장학금을 받는 우등생이었지만, 바사 대학에 가지 못했습니다. 하는 수 없이 매클린톡은 직업소개소에 취직했고, 남는 시간에 공공 도서관에서 혼자 공부했습니다.

아버지는 집에 돌아오자마자 매클린톡의 편을 들어 주었습니다. 매클린톡은 등록금이 무료였던 코넬 대학의 농과대학에 입학했고, 4남매 가운데 유일하게 대학에 다니게 되었습니다.

매클린톡은 코넬 대학에서 즐겁게 생활했습니다. 1학년 여학생 대표로 뽑혔고, 재즈 밴드에서 테너 밴조(몸통이 동그랗고 목이 긴 현악기로 기타와 구조가 비슷함-옮긴이)를 연주했습니다. 담배를 피웠고, 머리카락은 늘 짧게 잘랐으며, 잦은 현장 실습에 대비해 무릎 아래 정강이까지 내려오는 고무줄 바지를 입었습니다. 친한 여자 친구들이 유대인이어서 이디시어(독일어, 히브리어, 슬라브어 등이 혼합된 언어로 중부 유럽과 동유럽, 그곳에서 이주한 미국의 유대인들이 쓰는 말-옮긴이)를 배우기도 했습니다. 그러다가 유전학 강의를 듣고 유전학에 푹 빠져 버렸습니다. 당시 여성은 유전학을 전공할 수 없어서 공식적으로는 식물학 전공을 택했지만요.

1923년에 매클린톡은 코넬 대학을 졸업하고 곧바로 대학원에 들어갔습니다. 제1차 세계대전 탓에 많은 남학생이 전쟁터로 나가 미국의 대학원생 중 30에서 40퍼센트는 여성이었습니다. 특히 식물학과에 여학생이 많았지요. 매클린톡은 옥수수 유전학을 연구하는 실험실에 합류했습니다.

유전학은 부모 개체의 선천적 특징들이 자손 개체에 어떻게 전해지는지를 연구하는 학문입니다. 1920년대에 유전자는 물리적 모형이 없는 추상적인 개념이었어요. 물론 DNA의 구조는 30년 뒤에나 밝혀졌지만 세포핵 속에 있는 염색체는 관찰된 뒤였고, 염색체가 유전형질을 결정한다는 사실도 알려진 상태였어요. 뿐만 아니라 컬럼비아 대학의 유전학자 토머스 헌트 모건Thomas Hunt Morgan은 총 네 쌍의 초파리 염색체를 연구해 어느 염색체가 어느 유전형질을 좌우하는지 알아내서 나열했어요. 또 몸의 색깔이나 날개 길이와 같은 몇몇 형질은 함께 유전된다는 사실을 밝히면서 함께 유전되는 형질들은 같은 염색체 위에 있다는 것을 발표했습니다.

매클린톡에게 옥수수는 유전학 연구를 위한 가장 흥미로운 모델 생물(생물학을 연구하기 위해 특별히 선택하는 생물 종으로, 이 생물 종을 연구해서 알아낸 사실을 여러 생물에게 적용함-옮긴이)이었습니다. 첫째, 옥수수 알맹이의 알록달록한 패턴은 유전자 지도와 같았습니다. 둘째, 옥수수 개체 하나에 수꽃과 암꽃이 모두 열리므로 한 개체 안에서 수정할 수도 있고 다른 개체와 수정할 수도 있습니다. 보통 옥수수는 바람에 날린 꽃가루가 한 개체의 꼭대기에 있는 수술에서 다른 개체의 암꽃으로 날아가 수정이 일어납니다. 이렇게 아무렇게나 수정이 되지 않도록 연구자들은 옥수수 이삭을 종이봉투로 감싸고 암꽃에 직접 꽃가루를 묻혔습니다.

초파리

매클린톡은 매일 현미경을 들여다보며 옥수수 염색체를 물들이고 조사했습니다. 그전까지는 누구도 옥수수 염색체를 연구한 적이 없었습니다. 그는 모건이 초파리를 연구한 것처럼 겉으로 드러난 옥수수의 몇몇 유전형질을 특정 염색체와 연결 지었습니다. 매클린톡은 가뭄이 들거나 홍수가 나도 열심히 옥수수를 길렀고, 실험실에서 밤낮으로 연구에 매진했습니다.

박사학위를 받은 스물다섯 살 때에는 코넬 대학의 젊은 유전학자 모임을 이끌고 있었습니다. 이 모임의 유전학자들은 평생 서로에게 좋은 친구이자 공동 연구자였는데, 그래서였는지 매클린톡은 독신을 선언했습니다.

결혼했다면 불행해졌을 게 뻔하다. (…) 나는 지배적이고 강한 성격이다. (…) 남자들은 결단력이 없다. 부드럽고 친절하기는 하지만, 나는 참지 못하고 상대를 못살게 굴었을 것이다.

연구에 몰두한 매클린톡은 옥수수 유전학에 관한 중요한 논문들을 쓰기 시작했습니다. 1929년에는 대학원생 해리엇 크레이턴Harriet Creighton에게 공동 연구를 제안했습니다. 두 사람은 먼저 9번 염색체로 유전되는 두 가지 형질을 조사했습니다. 그 두 가지란 윤기가 나는 알맹이와 보라색 알맹이였습니다. 매클린톡은 염색체 일부가 끊어졌다가 수선되면서 새로운 조합의 형질이 만들어진다는 사실을 증명하고 싶었습니다.

매클린톡과 해리엇은 윤기 나는 보라색 알맹이의 옥수수와 윤기가 없는 다른 색 알맹이의 옥수수를 교배하고, 가을에 옥수수를 수확했습니다. 알맹이의 대부분이 윤기 나는 보라색, 윤기가 없는 다른 색, 이렇게 두 가지 중 하나였습니다. 그런데 몇몇 이삭은 달랐습니다. 윤기가 없는 보라색 알맹이도 있었고, 윤기가 있는데 보라색이 아닌 알맹이도 있었지요. 이 특이한 알맹이들의 염색체를 조사해 보니 9번 염색체의 형태가 아예 바뀌어 있었습니다. 일부분이 끊어졌다가 쌍을 이룬 염색체끼리 서로 교환된 후 다시 이어진 것이었습니다.

이것은 엄청난 발견이었습니다. 모건은 코넬 대학에 방문했을 때 이 소식을 듣고, 두 사람이 1931년 8월에 논문을 발표할 수 있도록 도와주었습니다. 다들 생물학 역사에 남을 위대한 실험이라 여겼고, 많은 유전학자가 노벨상을 받을 만한 연구라고 말했습니다.

이러한 명성에도 불구하고 매클린톡은 1931년에 코넬 대학을 떠나야 했습니다. 대학 측에서 여성을 정식 교수로 채용할 계획이 없다고 단호히 말했거든요. 그때부터 5년 동안 매클린톡은 단기 방문 연구원으로 여기저기서 일했습니다. 그는 "아침이면 어서 실험실에 가고 싶을 뿐이었다. 잠을 자기 싫을 정도였다."라고 말하며 자유롭게 연구할 수 있는 소중한 기회로 여겼습니다.

이 기간에 매클린톡은 엑스선을 쪼였을 때 옥수수의 돌연변이 비율이 얼마나 늘어나는지 연구하기 시작했습니다. 앞서 초파리로 비슷한 연구가 진행된 적이 있었고, 엑스선을 쬐면 염색체가 끊어진다는 사실이 발견되었습니다. 어떤 경우에는 짧아진 염색체에 다른 짧아진 염색체가 붙어 새로운 조합의 형질이 나타나기도 했습니다.

1931년, 매클린톡은 캘리포니아 공과대학에서 최초의 여성 박사 후 연구원이 되었습니다. 하지만 여성이라는 이유로 교수 회의에 참여하지 못했습니다. 이곳에서 매클린톡은 염색체에 있는 인 형성체 영역을 발견했고, 2년 뒤에 구겐하임 연구비를 받아 독일에서 6개월 동안 연구하게 되었습니다. 하지만 정치적 상황과 유대인 박해, 갑상선 이상으로 인한 건강 문제와 외로움 때문에 예정보다 일찍 미국으로 돌아와야 했지요.

1936년, 매클린톡은 서른네 살의 나이에 미주리 대학에서 교직 생활을 다시 시작했습니다. 아직 조교수였고 장차 어떻게 될지 모를 불안한 상태였습니다. 강의를 할 때 매클린톡이 말을 너무 빨리 해서 일부 학생은 따라가기 힘들어했어요. 또 지도 교수로서 엄격하고 기준이 높았지요. 그의 학생이었던 헬렌 크루스는 "다들 교수님을 무서워했어요. 교수님 밑에서 살아남으려면 정신력이 꽤 강해야 했지요." 하고 매클린톡을 추억했습니다.

1941년에 접어들자 매클린톡은 자신이 막다른 길에 서 있음을 깨달았습니다. 동료 교수들은 학과 모임에 그를 부르지 않았고, 학교 행정부는 연구에 필요한 시설을 마련해 주지 않으려 했습니다. 마침내 매클린톡은 미주리 대학 학장을 찾아가 자신에게 종신 재직 권한(미국 대학에서는 일반적으로 조교수에서 부교수로 승진할 때 종신 재직 권한을 얻음-옮긴이)을 줄 생각이 있느냐고 물었습니다. 학장은 그럴 생각이 없다고 딱 잘라 말했습니다. 게다가 매클린톡이 재직하는 학과의 학과장이 바뀌면 해고될 것이라고 덧붙였습니다. 화가 난 매클린톡은 휴직에 들어갔고, 다시는 대학에서 일하지 않겠다고 결심했어요.

하지만 연구를 계속하려면 옥수수를 심을 밭이 필요했습니다. 그는 오랜 친구 마커스 로즈Marcus Rhoades(미국의 유전학자이자 코넬 대학에서 만난 동료-옮긴이)에게 도움을 청했습니다. 로즈는 롱아일랜드 지역의 콜드스프링하버 연구소에 임시로 자리를 마련해 주었습니다. 매클린톡은 그곳에 머문 지 1년도 되지 않아 카네기 연구소가 지원하는 정규직 연구원이 되었습니다. 그제야 강의에 신경 쓸 필요 없이 유전학자들에게 둘러싸여 연구에 몰두할 수 있었습니다. 매클린톡은 청바지 차림으로 매주 70에서 80시간씩 연구했습니다. 옥수수도 계속 심었지요.

1945년, 매클린톡은 옥수수 염색체가 여러 번 끊어졌다가 다시 붙는 경우에 한 세포에서 유전 물질이 통째로 없어졌다가 다른 세포에서 나타나기도 한다는 사실을 발견했습니다. 염색체에 유전자를 활성화시키거나 비활성화시키는 스위치가 존재하고, 이 스위치를 염색체 여

콜드스프링하버 연구소에서 일하는 매클린톡

기저기로 옮겨 다니게 하는 활성화 영역이 있다는 사실도 밝혀냈습니다. 오늘날 이렇게 여기저기 옮겨 다니는 염색체의 일부분을 '트랜스포존transposon' 또는 '이동성 유전자'라고 부릅니다.

유전학자들은 매클린톡의 주의 깊고 철저한 연구를 존경했습니다. 그러나 막 생겨나고 있던 분자생물학 분야의 과학자들은 매클린톡의 발상을 진지하게 받아들이지 않았습니다. 어떤 과학자는 "당신의 연구에 대해 한마디도 듣고 싶지 않습니다. 흥미로울 수는 있지만 제가 보기에는 정신 나간 짓이나 마찬가지예요."라며 매클린톡의 연구 자체를 부정했습니다. 사실 매클린톡의 옥수수 유전학은 너무 복잡해 보였습니다. 생물학자들은 목걸이에 꿴 구슬처럼 염색체 위의 유전자가 안정적으로 고정되어 있기를 바랐으니까요.

자신의 연구를 이해하는 과학자가 너무 적어서 실망한 매클린톡은 연구 내용을 공개적으로 발표하는 데 시간을 덜 쓰기로 했습니다. 물론 연구 결과를 꾸준히 기록하고 분석했으며 짧게 요약한 보고서를 매년 연구소에 제출했습니다. 언론에서는 매클린톡을 까다롭고 별난 은둔자로 묘사했지만 가까운 지인들과는 비교적 잘 지냈습니다. 롱아일랜드에서 조깅이나 수영을 했고, 테니스도 쳤으며 몇 시간씩 산책하기도 했습니다.

1950년대 말부터 매클린톡은 미국 국립과학재단과 록펠러 재단의 지원을 받아 정기적으로 남아메리카를 방문했습니다. 옥수수의 기원과 진화사를 연구하기 위해서였지요. 그는 아메리카 대륙 전역에서 온 숙련된 젊은 과학자들과 일했고, 새로 생겨난 고식물학 분야에 큰 영향을 미쳤습니다.

1960년대가 되어서야 분자생물학자들은 매클린톡의 연구를 이해하기 시작했습니다. 여러 대학의 유전학 강의에서 매클린톡의 연구 내용을 다뤘는데 그 결과 세균과 인간의 염색체에서 이동성 유전자를 발견했습니다.

매클린톡은 그 동안의 연구로 1960년대부터 유수의 과학상들을 받기 시작했습니다. 1980년대 초반에는 앨버트 래스커 상과 울프 상, 맥아더 상을 받았는데, 수상 소감 대신 "정말이지, 주목받기 싫어요."라며 수상에 대한 불편한 심정을 거침없이 드러냈어요.

1983년, 여든한 살의 매클린톡이 노벨 생리의학상 수상자로 선정됐다는 소식이 라디오에서 흘러나왔습니다. 그를 후보로 추천한 로즈는 '빼어나게 아름다운 연구들'을 언급하며 다음과 같이 말했습니다.

바버라 매클린톡

매클린톡은 어떠한 기술적 도움 없이 끊임없이 샘솟는 에너지와 과학에 대한 열정, 독창성과 창의력, 기민하고 뛰어난 지적 능력을 통해 세포유전학 역사상 유례가 없는 여러 의미심장한 발견들을 해냈다.

'이동성 유전자의 발견'에 주어진 노벨상은 전 세계가 매클린톡의 업적을 인정했다는 뜻이었습니다. 그의 옥수수 연구는 식물계와 동물계 전체에 적용되는 유전학의 근본 원리를 밝혀냈습니다.

매클린톡은 공식적으로 예순다섯 살에 연구소에서 퇴직했지만, 여든이 훌쩍 넘어서까지 연구를 계속했습니다. 조깅을 그만두는 대신에 에어로빅을 시작했고, 하루에 연구하는 시간을 여덟아홉 시간으로 줄였습니다. 그 덕분에 말년에는 성격이 조금 온화해지고 느긋해졌다고도 합니다.

저에게는 아주 만족스럽고 즐거운 삶이었습니다.

매클린톡은 과학을 공부하는 여성들을 지지했고 동료들과 자주 소통했습니다. 1992년, 아흔 살로 세상을 떠날 때까지 과학을 사랑하는 마음은 변함이 없었습니다. 꾸준히 책을 읽었고, 여행을 했고, 새로운 실험도 계획했습니다. 매클린톡은 평생 놀라울 정도로 연구에 집중했고 노력했습니다. 그 결과 유전과 진화가 어떻게 생물의 다양성을 창조했는지에 관한 훌륭한 발견들을 해냈습니다.

이동성 유전자의 두 가지 전위 방법

1. 잘라서 붙이기

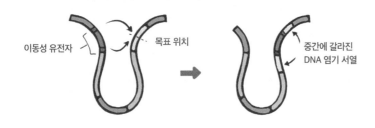

이동성 유전자   목표 위치   중간에 갈라진 DNA 염기 서열

2. 복사해서 붙이기

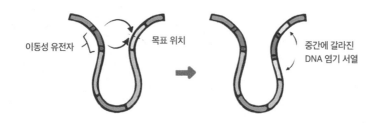

이동성 유전자   목표 위치   중간에 갈라진 DNA 염기 서열

콜드스프링하버 연구소

1890년에 브루클린 박물관은 롱아일랜드 북쪽 해안에 위치한 콜드스프링하버 지역에 고교 교사와 대학 강사들을 교육하기 위한 생물학 실험실을 세웠습니다. 카네기 연구소는 1904년, 이곳에 유전학과 진화 실험 연

구를 위한 실험실을 열고 80년 동안 지원했습니다. 이것이 바로 오늘날의 콜드스프링하버 연구소입니다.

콜드스프링하버 연구소는 설립 초기, 우생학(인간의 유전적 특성을 인위적으로 향상시키려고 했던 학문으로, 나치의 인종 청소와 대량 학살을 뒷받침한 이론이 됨-옮긴이)을 연구했는데 이후에 사람들로부터 많은 비판을 받고 우생학을 연구 분야에서 배제했습니다. 이 연구소의 과학자들이 세운 대표적인 업적은 잡종 옥수수 개발, 암 유전자 발견, 두 가지 인간 호르몬의 발견과 분리 등입니다. 제임스 왓슨James Watson(프랜시스 크릭Francis Crick과 함께 DNA 이중나선 구조를 연구해서 노벨상을 수상함-옮긴이)은 이곳에서 1953년에 DNA 구조에 관한 첫 번째 대중 강연을 열었습니다.

13 해군 제독의 언어들

그레이스 머리 호퍼
Grace Murray Hopper
1906~1992

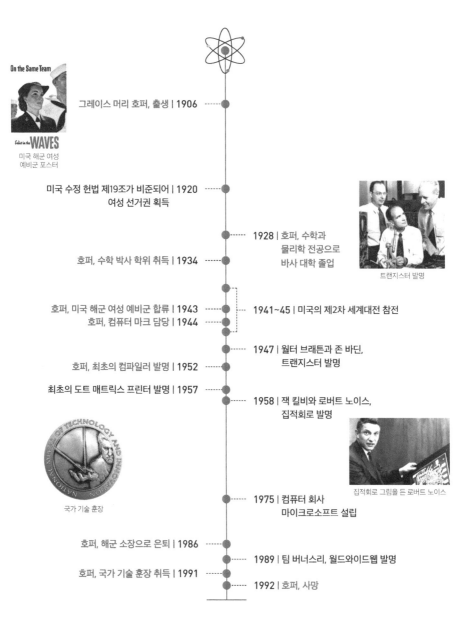

그레이스 머리 호퍼, 출생 | 1906

미국 해군 여성
예비군 포스터

미국 수정 헌법 제19조가 비준되어 | 1920
여성 선거권 획득

1928 | 호퍼, 수학과
물리학 전공으로
바사 대학 졸업

호퍼, 수학 박사 학위 취득 | 1934

트랜지스터 발명

호퍼, 미국 해군 여성 예비군 합류 | 1943
호퍼, 컴퓨터 마크 담당 | 1944

1941~45 | 미국의 제2차 세계대전 참전

1947 | 월터 브래튼과 존 바딘,
트랜지스터 발명

호퍼, 최초의 컴파일러 발명 | 1952

최초의 도트 매트릭스 프린터 발명 | 1957

1958 | 잭 킬비와 로버트 노이스,
집적회로 발명

집적회로 그림을 든 로버트 노이스

국가 기술 훈장

1975 | 컴퓨터 회사
마이크로소프트 설립

호퍼, 해군 소장으로 은퇴 | 1986

1989 | 팀 버너스리, 월드와이드웹 발명

호퍼, 국가 기술 훈장 취득 | 1991

1992 | 호퍼, 사망

1986년에 미국의 해군 소장 그레이스 머리 호퍼가 은퇴했을 때, 그는 군에서 가장 키가 작고 나이가 많은 장교였습니다. 컴퓨터의 컴파일러 (파스칼이나 코볼과 같은 고급언어로 쓰인 프로그램을 컴퓨터가 이해할 수 있는 기계어 또는 기계어에 가까운 어셈블리 언어로 번역해 주는 프로그램-옮긴이) 개념을 처음 고안해 낸 호퍼는 초창기 컴퓨터 언어의 발달에 크게 기여했습니다.

호퍼(결혼 전 이름은 그레이스 브루스터 머리Grace Brewster Murray)는 1906년 12월 9일에 미국 뉴욕에서 태어났습니다. 아버지는 보험 중개인이었고 어머니는 수학을 사랑하는 독립적인 여성이었습니다. 호퍼는 여름이면 뉴햄프셔의 호숫가에 남동생과 여동생을 데려가 깡통 차기와 도둑잡기 놀이를 했고, 집에서는 독서와 피아노 연주, 바느질을 즐겼지요. 호기심이 많은 호퍼는 일곱 살 때 자명종의 작동 방법을 알아내려고 시계를 완전히 분해했는데, 다시 조립하는 방법을 터득하기 위해 시계를

젊은 시절의 그레이스 머리 호퍼

여섯 개나 더 분해했지요.

호퍼는 사립 여학교 두 군데를 다닌 다음, 열여섯 살에 바사 대학의 입학시험을 치렀습니다. 하지만 라틴어 시험에 통과하지 못해 1년 동안 고등학교를 다닌 뒤에야 바사 대학에 입학했습니다. 호퍼는 바사 대학에서 수학과 물리학을 전공했고, 1928년에 스물한 살의 나이로 졸업했습니다. 이후 예일 대학에 진학한 호퍼는 수학 전공으로 1930년에 석사 학위를 받았고, 1934년에 박사 학위를 받았습니다. 석사 학위를 받은 해에 호퍼는 뉴욕 대학의 빈센트 호퍼Vincent Hopper 교수와 결혼했고, 이듬해부터 바사 대학에서 수학 강의를 했어요. 두 사람의 결혼 생활은 오래가지 않았습니다. 호퍼는 1945년에 남편과 이혼했어요. 이혼한 뒤에도 그는 남편의 성을 계속 썼고, 이후 다시 결혼하지 않았습니다.

제2차 세계대전에 미국이 참전하자 수학과 부교수였던 호퍼는 해군에 입대하고 싶어 휴직 신청을 냈습니다. 그러나 호퍼는 서른네 살로 나이가 너무 많았고, 해군이 정한 최소 몸무게인 54킬로그램보다 한참 적은 47킬로그램이었습니다. 그는 좌절하지 않고 계속 해군에 지원했고, 결국 1943년에

그레이스 머리 호퍼

입대 허가를 받았습니다. 호퍼는 해군 여성 예비군으로 입대해 매사추세츠주 노샘프턴 지역에 있는 훈련소로 배치됐습니다. 훗날 호퍼는 훈련소에 입소하는 젊은 신병들에게 다음과 같은 조언을 남겼습니다.

> 만약 위에서 여러분을 어딘가로 보내 놓고 할 일을 주지 않는다면, 일단 주무세요. 언제 다시 잘 기회가 올지 모릅니다.

호퍼는 장교 후보생 훈련을 1등으로 마치고 새롭게 대위로 임관해 하버드 대학의 선박 계산 프로젝트 본부로 향했습니다.

1944년 7월, 호퍼가 도착했을 때 하워드 에이킨Howard Aiken이 이끄는 계산 연구실은 새로운 기계 마크 I을 작동시키는 데 막 성공했습니다. 마크 I은 무려 길이 16미터, 무게 35톤의 매우 거대한 계산기였습니다. 에이킨은 "이제야 왔습니까?"라고 말하며 무뚝뚝한 태도로 호퍼를 맞이하고는 일주일 동안 새로운 기계를 돌릴 프로그램 짜는 법을 배우고 프로그램을 작동시키는 과제를 주었지요. 구체적으로는 "다음 주 목요일까지 역 탄젠트 함수의 급수 전개에서 각 항의 계수를 계산하세요."라고 지시했습니다. 호퍼는 에이킨의 지시에 따라 일을 시작했고, 곧 마크 I을 다루는 대표 프로그래머가 되었습니다.

호퍼는 최초의 컴퓨터 사용 설명서인 마크 I 작동 설명서의 대표 저자였습니다. 이 설명서에는 기계가 수치 계산을 하는 데 필요한 산술 연산들이 순서대로 기술되어 있었으며, 분량은 무려 561쪽에 달했습니다. 컴퓨터의 역사를 연구한 저명한 학자 폴 세러지Paul Ceruzzi는

하워드 에이킨

마크 I 설명서를 다음과 같이 평가했습니다.

> 오늘날 컴퓨터 프로그래밍이라 부르는 주제를 찰스 배비지와 에이다 바
> 이런의 논문 이후에 처음으로 폭넓게 분석한 책이다. 여기에 나온 작동
> 지시 사항들은 (…) 디지털 컴퓨터 프로그램의 초기 예시들이다.

전쟁이 끝나고 호퍼는 정규 해군으로 전근을 요청했지만, 나이가
많다고 또 거절당했습니다. 그래도 하버드 대학의 계산 연구실에서 계
속 일하고 싶어 바사 대학의 정교수 채용 제의를 거절하고 여성 예비
군 소속으로 남았습니다. 얼마 지나지 않아 호퍼는 마크 II와 마크 III를

작동시키는 프로그램을 짰습니다. 그러던 어느 날, 마크Ⅱ를 작동시키던 중에 최초의 컴퓨터 '버그'bug(영어로 '벌레'라는 뜻으로 컴퓨터 프로그램 오류를 가리킴-옮긴이)가 나타났습니다. 기계의 계전기에 들어가 합선을 일으킨 나방 때문이었지요. 직원이 나방을 없애자 호퍼는 "자네가 컴퓨터를 디버그 debug(영어로 벌레를 없앤다는 뜻으로 컴퓨터 프로그램을 수정해서 오류를 없애는 행위를 가리킴-옮긴이)했네."라며 직원을 격려했습니다. 이후 호퍼는 "그때부터 컴퓨터에 문제가 생길 때마다 우리는 '버그가 있다'고 말했다."라는 글을 남기기도 했지요.

호퍼는 연구 일지에 문제의 나방을 테이프로 붙여 두었습니다. 호퍼의 연구 일지는 현재 캘리포니아주 마운틴뷰 지역에 있는 컴퓨터 역사박물관에 전시되어 있습니다.

최초의 컴퓨터 버그

1949년에 호퍼는 이제 막 새로 생긴 에커트-모클리 컴퓨터 회사에 합류해 최초의 상업용 디지털 컴퓨터인 유니박 I을 작동시키는 소프트웨어 개발을 도왔습니다. 그는 컴퓨터 프로그램을 조금 더 쉽게 짤 수만 있다면 앞으로 컴퓨터가 널리 활용될 수 있을 거라고 생각했습니다. 그래서 유니박 프로그래머들에게 되도록 서로 프로그램을 공유하기를 권장했고, 호퍼 자신도 보편적인 프로그램 번역기인 컴파일러를 설계하기 시작했습니다. '컴파일러'란 인간이 이해하기 쉽게 쓰인 고차원 컴퓨터 언어인 '소스 코드'를 기계가 알아듣고 작업을 수행할 수 있는 더 기본적인 숫자 코드인 '기계어'로 번역하는 프로그램을 가리킵니다.

1952년에 호퍼는 최초의 컴파일러를 만들었습니다. 자동^{automatic} 프로그래밍 언어의 최초 형태라는 뜻으로 'A-0'이라고 이름 붙였는데 동료들은 컴파일러에 대해 회의적이었습니다. 호퍼는 "컴파일러를 만들었는데 아무도 건드리지 않았어요. 그들은 내게 컴퓨터는 오직 계산밖에 할 수 없다고 말했지요."라며 안타까워했어요.

호퍼는 컴퓨터에 대한 자신의 새로운 전망을 사람들에게 설득하기 시작했어요. 자신의 논문 〈컴퓨터 가르치기〉에서 설명했듯이 컴파일러를 사용한다는 것은 '프로그래머가 다시 수학자로 돌아가야 할 수도 있다'는 뜻이었으니까요.

현재 유니박은 대학 2학년 수준의 수학 교육을 충분히 받은 상태다. 그는 배운 내용을 잊어버리지 않고 실수도 하지 않는다. 금세 학부 과정을 마치고 대학원 학위 과정을 이수할 능력이 있음을 인정받고 싶어 한다.

호퍼가 이끄는 팀은 포트란(과학 분야에서 자주 쓰는 고급 프로그래밍 언어-옮긴이)
의 전신이 된 수학적 컴퓨터 언어들을 개발했습니다. 하지만 호퍼가
원했던 것은 처음부터 끝까지 영어로 프로그램을 쓸 수 있는 환경을
마련하는 것이었습니다.

그는 기업의 데이터 처리에 적합한 프로그래밍 언어인 '플로우매
틱', 다른 이름으로는 비즈니스business 프로그래밍 언어의 최초 형태라
는 뜻의 'B-0'을 개발했습니다. 이때 이미 에커트-모클리 회사는 레
밍턴랜드 회사로 넘어가 있었고, 호퍼의 공식적 직위는 유니박 부서의
시스템 공학자이자 자동 프로그래밍의 대표 책임자였습니다.

프로그래밍을 쉽고 널리 사용할 수 있게 만들고 싶었던 호퍼는
'사업용 공통 프로그래밍 언어' 개
발을 추진하기 시작했습니다. 이를
위한 초창기 회의에 적극적으로 참
여했고, 집행위원회의 기술 자문 두
명 중 한 명으로 일했으며, 자기 직
원들로 개발팀을 꾸렸습니다. 당시
현장에서 가장 많이 쓰이던 플로우
매틱이 새로운 프로그래밍 언어의
토대가 되었습니다. 이때 개발된 프
로그래밍 언어인 코볼은 50년이 지

그레이스 머리 호퍼 (컴퓨터 역사박물관 제공)

난 지금까지 전 세계의 거의 모든 컴퓨터 시스템에 사용되고 있습니다. 끈기와 기술적 전문성, 뛰어난 설득력 덕분에 호퍼는 초기 프로그래밍 언어 발달에 크게 이바지했습니다.

레밍턴랜드 회사가 스페리 회사에 합병된 후에도 호퍼는 해군이자 학자로서 생활을 이어 나갔고, 기회가 닿는 대로 대학에 특강을 나갔습니다. 1966년에 예순 살이 된 호퍼는 중령으로 정년퇴직했지만, 몇 달 뒤에 현역으로 다시 고용되었습니다. 처음에는 6개월 계약이었으나 얼마 지나지 않아 무기한 연장되었지요. 호퍼는 스페리 회사를 휴직했지만 대학 강의는 계속했습니다. 1971년부터 1978년까지 조지 워싱턴 대학 경영학과에서 강의하기도 했습니다.

호퍼는 해군에서 대령, 준장, 소장으로 계속 승진했습니다. 그가 맡은 과제는 해군에서 사용하는 프로그래밍 언어들을 표준화하는 것이었습니다. 호퍼가 개발한 표준은 나중에 국방성뿐 아니라 컴퓨터 산업 전반의 필수 사항으로 자리 잡았습니다. 1977년에 그는 해군 데이터 자동화 부대의 특별 고

해군 준장 그레이스 머리 호퍼

문으로 임명되었습니다.

호퍼가 여든 번째 생일을 맞이하기 몇 달 전, 미국 해군 전함 가운데 가장 오래된 현역 전함인 컨스티튜선호 위에서 호퍼의 은퇴 기념식이 열렸습니다. 그는 이 기념식에서 국방성이 수여하는 가장 명예로운 공로 훈장을 받았습니다.

퇴직하고 나서도 호퍼는 쉬지 않고 디지털이큅먼트 회사의 선임 자문 위원으로 일했습니다. 산업체 토론회에서 회사를 대표했고, 컴퓨터과학의 새로운 방향에 대해 발표했으며, 대학과 학술 기관 사이에서 소통을 중재했습니다.

호퍼는 퇴직한 뒤에도 늘 해군 제복을 입고 다녔습니다. 그리고 사람들 앞에서 프로그래밍 효율의 중요성에 관한 시범을 보이는 일을 즐겼습니다. 예를 들어 1나노초(10억분의 1초)의 개념을 설명할 때는 약 30센티 길이의 철사를 보여 주며 이것이 빛이 1나노초 동안 이동하는 거리라고 설명했습니다. 1마이크로초는 1나노초보다 1,000배 긴 시간인데 호퍼는 강연을 들으러 온 프로그래머들을 향해 "1마이크로초도 낭비하지 마세요!"라고 충고하곤 했습니다.

호퍼는 평생에 걸쳐 많은 상을 받았습니다. 그가 받은 명예 학위만 해도 서른일곱 개나 됩니다. 그는 1962년에 전기전자공학연구소의 회원이 되었고, 1963년에는 미국과학발전협회의 회원이 되었습니다. 데이터 처리 관리 본부는 1969년에 처음으로 제정한 '올해의 컴퓨터 맨'으로 호퍼를 뽑았습니다(여성을 '컴퓨터 맨'이라고 부르는 것에 대해 이상하게 느끼지 못

미국 해군 전함 호퍼호

했던 모양입니다). 1973년에는 여성으로, 그리고 미국인으로는 최초로 영국 컴퓨터학회의 회원이 되기도 했습니다. 1991년에는 컴퓨터과학의 선구자로서 50년 동안 컴퓨터과학에 기여한 공로를 인정받아 백악관의 로즈가든에서 조지 H. W. 부시 대통령으로부터 국가 기술 훈장을 받았지요. 1997년에는 호퍼의 이름을 딴 새로운 전함 호퍼호가 출항했습니다. 호퍼 자신은 군인으로 바다에 나간 적이 단 한 번도 없었는데 말이지요.

호퍼는 컴퓨터과학 초창기에 기본 개념 확립에 이바지했습니다. 그는 컴퓨터 기술이 진보하려면 하드웨어보다 프로그래밍이라는 걸림돌을 넘어야 한다는 것을 일찍이 알아차렸습니다. 그리하여 컴파일러의 개념을 생각해 냈고, 사람들이 이해하기 쉽고 사용하기 쉬운 컴퓨터 언어를 기계가 알아듣는 기계어로 번역하는 일이 가능하다는 사실을 처음으로 보여 주었습니다. 학계와 산업체, 군대에서 활약한 호퍼는 컴퓨터과학에 여성의 한계가 없음을 몸소 입증했을 뿐 아니라 그가 세운 프로그래밍 언어의 표준은 오늘날에도 여전히 중요하게 활용되고 있습니다.

미국 해군 여성 예비군

미국 해군 여성 예비군은 1942년 제2차 세계대전 중에 설치되었습니다. 여기에 소속된 여성 군인들은 전투함이나 전투기를 타고 싸우는 대신에 자국 내에서 일했습니다. 설립 첫해에 2만 7,000여 명의 여성 예비군이 사무를 보거나 통신·정보·물자 공급·의료 분야에서 일했습니다. 1944년 에는 처음으로 흑인 여성을 예비군에 받아들이기도 했습니다.

코볼의 탄생

코볼은 컴퓨터 프로그래밍 비용 문제를 해결하기 위해 만들어졌습니다. 당시에는 하드웨어 제조사가 새 컴퓨터를 만들거나 회사가 새 컴퓨터를 살 때마다 프로그래머들이 그 컴퓨터에 사용되는 프로그램을 모조리 새 로 짜야 했습니다. 때문에 수십만 달러의 비용이 들었지요. 1959년에 컴 퓨터 제조사와 사용자, 교수 들로 구성된 단체가 국방성을 설득해 공통으 로 쓸 수 있는 사업용 표준 프로그램 개발을 지원받았습니다. 여러 위원 회에서 기존의 프로그램을 조사해 새로운 공통 언어의 기준을 세웠고요. 이들은 가능한 영어를 쓰고, 추후에 개선하기 쉽고, 속도가 느리고 전기를 많이 쓰더라도 프로그래밍이 쉬워야 한다는 조건에 합의했습니다.

그 덕분에 1960년에는 코볼로 짠 프로그램을 조금만 수정하면 다른 여 러 종류의 컴퓨터에서 쓸 수 있게 되었습니다. 1997년에는 전 세계 사업 용 컴퓨터 프로그램의 80퍼센트가 코볼을 사용하고 있었습니다.

14 화학 결정의 신비

도러시 크로풋 호지킨
Dorothy Crowfoot Hodgkin
1910~1994

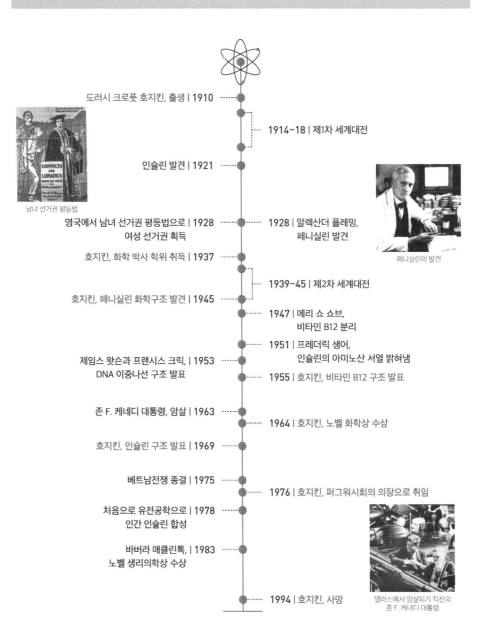

도러시 크로풋 호지킨, 출생 | 1910

1914~18 | 제1차 세계대전

인슐린 발견 | 1921

남녀 선거권 평등법

영국에서 남녀 선거권 평등법으로 | 1928
여성 선거권 획득

1928 | 알렉산더 플레밍,
페니실린 발견

페니실린의 발견

호지킨, 화학 박사 학위 취득 | 1937

1939~45 | 제2차 세계대전

호지킨, 페니실린 화학구조 발견 | 1945

1947 | 메리 쇼 쇼브,
비타민 B12 분리

1951 | 프레더릭 생어,
인슐린의 아미노산 서열 밝혀냄

제임스 왓슨과 프랜시스 크릭, | 1953
DNA 이중나선 구조 발표

1955 | 호지킨, 비타민 B12 구조 발표

존 F. 케네디 대통령, 암살 | 1963

1964 | 호지킨, 노벨 화학상 수상

호지킨, 인슐린 구조 발표 | 1969

베트남전쟁 종결 | 1975

1976 | 호지킨, 퍼그워시회의 의장으로 취임

처음으로 유전공학으로 | 1978
인간 인슐린 합성

바버라 매클린톡, | 1983
노벨 생리의학상 수상

1994 | 호지킨, 사망

댈러스에서 암살되기 직전의
존 F. 케네디 대통령

1935년의 어느 날, 스물다섯 살의 도러시 크로풋 호지킨은 인슐린 결정의 엑스선 회절 영상을 찍었습니다. 엑스선이 결정을 통과해 사진판에 닿았고, 필름을 인화해 보니 규칙적인 회절 무늬가 보였습니다. 그날 밤, 호지킨은 당뇨병을 치료하는 데 중요한 인슐린 분자의 구조를 알아낼 수도 있겠다는 생각에 기뻐서 어쩔 줄 몰라 하며 옥스퍼드 시내를 돌아다녔습니다. 물론 정말로 그렇게 되기까지 그로부터 34년이 걸릴 줄은 몰랐지만 말입니다.

호지킨은 1910년 5월 12일에 이집트 카이로에서 태어났습니다. 아버지는 고고학자이자 교육자였고, 어머니는 전통 직조 전문가로 식물학 책에 삽화를 그렸습니다. 호지킨과 여동생들은 어린 시절에 부모님과 떨어져 지냈습니다. 제1차 세계대전이 발발하고 전쟁이 끝난 뒤에도 호지킨 자매는 영국에 있는 친척이나 친구 집에 머물렀고, 부모님

도러시 크로풋 호지킨

223

은 주로 이집트와 수단에 살았습니다.

수줍음이 많고 조용하며 친절하면서도 독립적이었던 호지킨은 학교에서 최소한의 교육을 받았습니다. 그러다가 열 살 때, 정부에서 지원하는 수업에서 화학 결정을 키우는 실험을 했습니다. 이 실험을 통해 호지킨은 화학을 사랑하게 되었습니다. 그로부터 3년 뒤, 호지킨은 여동생 조앤과 함께 수단에 있는 부모님 집에 6개월 동안 머무르게 되었습니다. 이때 호지킨은 혼자서 광물을 발굴하고, 이를 분석하기 위해 부모님과 친한 토양 화학자 A. F. 조지프의 도움을 구했습니다. 조지프는 호지킨에게 광물 분석을 위한 화학 약품을 선물했고, 호지킨은 영국에 있는 자기 집으로 돌아가 다락방에 실험실을 꾸몄습니다. 열여섯 살 생일에 어머니로부터 선물받은 책에는 노벨상을 탄 물리학자 윌리엄 브래그William Bragg가 화학 결정에 엑스선을 쪼여 원자 구조를 알아내는 과정이 설명되어 있었습니다. 호지킨은 원자들이 배열된 모습을 '볼 수 있다'는 사실에 강하게 끌렸습니다.

10대 시절에 호지킨은 정치적으로 활발하게 활동했습니다. 외삼촌 네 명이 제1차 세계대전에서 전사하고 난 뒤였지요. 호지킨은 친구들과 세계 평화를 위해 일하는 조직에 가입했고 자원봉사도 했습니다.

고등학교를 졸업한 호지킨은 옥스퍼드 대학 입학시험에 대비해 라틴어와 식물학을 공부했습니다. 옥스퍼드 대학에 입학한 호지킨은 화학을 전공으로 선택하고, 엑스선 결정학이라는 새로운 분야에 뛰어들었습니다. 엑스선 사진에서 원자 구조를 알아내는 작업은 어렸을 때 읽은 책에 나왔던 브래그의 설명보다 훨씬 어려웠습니다. 화합물의 화

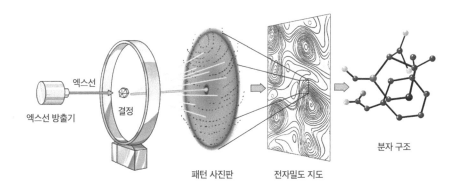

엑스선 방출기 · 엑스선 · 결정 · 패턴 사진판 · 전자밀도 지도 · 분자 구조

엑스선 결정학

학 결정을 만들어 여러 각도에서 엑스선을 쪼여 촬영했고, 필름을 인화한 사진들을 수학적으로 분석해야 했습니다.

옥스퍼드 대학을 졸업한 호지킨은 케임브리지 대학의 존 데즈먼드 버널John Desmond Bernal 교수의 실험실에 합류했습니다. 버널은 공산주의자였고 남녀가 평등해야 한다고 굳게 믿는 선견지명이 있는 과학자였습니다. 심정적으로 버널의 실험실은 일하기에 신나는 곳이었습니다만, 실험실 환경은 옥스퍼드에 비하지 못했어요. 천장에서 전선이 내려와 정전기를 일으키는 통에 호지킨의 머리카락이 쭈뼛쭈뼛 서곤 했습니다.

케임브리지에서 생활을 하던 호지킨은 어느 날부터 손가락 관절이 붓고 아픈 증상이 생겼습니다. 의사는 류마티스성 관절염이라고 진단했습니다. 류마티스성 관절염은 심한 통증이 평생 계속되고 종종 손을 못 쓰게 되는 병입니다. 더욱이 1930년대에는 제대로 된 치료법조차 없었지요. 하지만 그는 연구를 멈추지 않았고, 침착하고 능숙하게 일했습니다. 호지킨은 버널의 동료들이 보낸 표본들을 관리했고 각종 비타민, 호르몬, 단백질 결정의 엑스선 사진을 솜씨 좋게 찍었습니다. 지도 교수 버널은 "호지킨은 연구 결과는 물론 연구 방법이 흥미롭고 아름다운 학자였습니다."라고 평가하며 그의 의지를 높이 평가했어요.

1937년, 호지킨은 박사 학위를 받기도 전에 옥스퍼드 대학에 속한 소머빌 칼리지에 채용되었습니다. 그리고 박사 학위를 받은 해에 아프리카학 학자인 토머스 호지킨과 결혼했습니다. 남편은 버널처럼 이상주의자였으며 공산주의자였습니다. 호지킨 부부는 세 명의 아이를 낳았고, 그들의 집은 망명자든 저명한 학자든 전 세계의 방문객들이 부담 없이 오고 가는 따뜻하고 떠들썩한 곳이었습니다. 언제나 요리는 남편이 도맡아 했습니다.

결혼을 했음에도 호지킨은 옥스퍼드 생활이 외로웠습니다. 당시 옥스퍼드 대학의 화학과 교수 회의에 여성이 참석할 수 없었거든요. 뿐만 아니라 호지킨의 실험실은 옥스퍼드 대학 박물관 지하에 있었는데 그곳에는 공룡 뼈와 중세의 석조 작품이 늘어서 있었지요. 낡은 실험 장비를 교체하기 위해 호지킨은 선배 교수에게 화학 기업 지원금 신청을 부탁해야 할 정도였습니다. 부탁을 받은 선배 교수는 친절하고 솔직하며 실력 있는 후배 연구자의 부탁을 거절할 수 없었습니다. 나중에 호지킨은 여성이었기 때문에 일하는 데 지장이 있었느냐는 질문을 받은 적이 있습니다. 그는 학교에서 받은 제약보다는 개개인의 친

옥스퍼드 대학 박물관

절함에 초점을 맞추어 "사실 남자들은 내가 여성이었기 때문에 늘 친절하게 도와주었습니다."라고 대답했습니다.

호지킨의 지하 실험실에는 고딕 양식으로 된 유일한 창문이 아주 높이 달려 있었습니다. 호지킨은 이 창문 앞에 있는 높은 진열장 위에 편광 현미경을 설치했습니다. 이 현미경을 쓰려면 관절염에 걸린 손으로 얇은 화학 결정 표본을 꽉 붙들고, 다른 손으로 사다리를 잡고 올라가야 했지만 개의치 않았어요. 호지킨은 '위험(전압 6만 볼트)'이라고 적힌 엑스선 촬영실의 넓은 탁자에서 학생들과 데이터를 분석했습니다.

호지킨은 다른 이들이 불가능하다고 여긴 결정학 분야의 고난도 주제를 평생 탐구했습니다. 옥스퍼드에서는 콜레스테롤 구조를 연구하기 시작했지요. 보통 콜레스테롤이라고 하면 심장병을 떠올리지만, 콜레스테롤은 동물 세포막의 중요한 구성 물질이기도 합니다.

당시 화학자들은 이미 콜레스테롤의 화학식을 알고 있었습니다. 이는 콜레스테롤 한 분자에 어떤 원자가 몇 개나 들어 있는지 안다는 뜻입니다. 하지만 그 원자들이 2차원이나 3차원에서 어떻게 배열되어 있는지는 몰랐습니다. 호지킨은 자신의 지도 학생인 해리 칼라일과 콜레스테롤의 모양을 알아냈습니다. 다른 화학자들은 파악하지 못한 구조를 엑스선 결정학으로 처음 밝혀낸 거예요.

계산기도 컴퓨터도 없던 때라 분자 구조를 알아내려면 연필과 각도기, 계산자로 계산해야 했습니다. 그러다가 1936년에 호지킨은 5파운드를 주고 계산기의 전신으로 보이는 도구를 샀습니다. 모든 엑스선 각도에 대한 사인 값과 코사인 값을 적어 놓은 종이쪽지가 담긴 두 개의 상자였지요. 호지킨은 이 종이들을 조심스럽게 정리해 두었고, 실제로 계산 시간을 줄이는 데 도움을 받았습니다.

1940년부터 호지킨은 페니실린 구조를 연구하기 시작했습니다. 이미 1928년, 알렉산더 플레밍Alexander Fleming(영국의 미생물학자로 노벨 생리의학상 수상-옮긴이)이 페니실린을 발견했지만, 페니실린을 얻으려면 곰팡이를 배양해야 했고 한 번에 아주 적은 양만 만들 수 있었습니다.

호지킨의 생각에 페니실린은 분자 크기가 충분히 작아서 구조를 밝혀낼 수 있을 것 같았습니다. 페니실린의 구조를 알아낸 후 대량으로 합성해서 제2차 세계대전의 연합군 병사들을 치료하는 데 쓸 수 있기를 바랐지요. 호지킨의 생각과 달리 페니실린은 분자가 작은데도 구조는 밝혀내기 쉽지 않았습니다. 결정을 만드는 환경에 따라 구조가 달라졌기 때문입니다. 그리고 페니실린 분자에 어떤 작용기들이 들어 있는지 아무도 몰랐습니다. 우여곡절 끝에 페니실린 분자의 중심부에 '베타락탐 고리'가 들어 있다는 사실을 알아냈지만 동료들은 회의적이었습니다. "페니실린에 베타락탐 고리가 들어 있다고 밝혀지면, 나는 화학 연구를 그만두고 버섯이나 키워야겠소."라고 비아냥거리는 사람도 있었지요.

제2차 세계대전이 한창이던 시기, 호지킨은 낮에 선박 화물을 추적하는 데 쓰이는 초기 IBM 아날로그 컴퓨터를 밤에만 연구용으로 사용할 수 있게 되었습니다. 그리고 1945년에 페니실린의 구조를 알아냈으나 국가 보안상 1949년에야 논문으로 발표할 수 있었지요. 그럼에도 불구하고 동료들은 논문이 발표되기도 전에 페니실린 연구의 과학적 가치를 알아봐 주었습니다. 1946년에 호지킨은 옥스퍼드 대학의 교수로 공식 임명되었고, 이듬해에는 런던 왕립 학회 회원으로 뽑혔습니다. 지난 300년 동안 세 번째로 발탁된 여성 회원이었습니다.

1948년에 이르러 호지킨은 비타민 B12(코발라민)의 구조를 연구하기 시작했습니다. 몸속에 비타민 B12가 부족한 사람은 혈액세포를

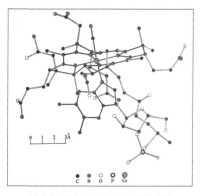

비타민 B12의 구조 (런던 왕립 학회 제공)

넉넉히 만들 수 없고 팔다리의 허약함, 날카로운 통증, 우울증, 사고 기능 저하 등의 신경학적 문제로 고통을 받습니다. 한편 페니실린 분자에는 수소가 아닌 원자가 17개 있는 반면에, 비타민 B12 분자에는 수소가 아닌 원자가 100개 가까이 있었습니다. 때문에 화학자 대부분이 비타민 B12 분자는 엑스선 회절 영상으로 구조를 밝혀내기에 너무 복잡하다고 여기고 포기했지만 호지킨은 해볼 만하다고 생각했습니다.

이 무렵 호지킨의 실험실에는 여러 나라에서 온 남녀 학생들로 가득했습니다. 호지킨은 학생들을 돌보고 격려했습니다. 그들은 수천 장의 엑스선 사진을 찍었고 무수히 많은 데이터를 모았습니다.

1953년에 미국의 과학자 케네스 트루블러드Kenneth Trueblood와 공동 연구를 시작했습니다. 트루블러드는 결정학에 필요한 계산을 하는 초창기 고속 컴퓨터의 프로그래밍에 참여한 경험이 있었습니다. 미국 캘리포니아주의 로스앤젤레스 대학에 고속 컴퓨터가 있어 두 사람은 우편이나 전보로 의견을 주고받았습니다. 1955년, 호지킨은 8년의 연구 끝에 비타민 B12의 구조를 발표했습니다. 화학자들은 이를 1950년대에 가장 중요한 발견으로 꼽습니다. 1940년대에 그가 밝혀낸 페니실린 구조가 중요한 발견이었던 것처럼 말입니다.

호지킨은 1950년대에 학문적 업적으로 명성이 높아졌지만, 정치적 활동으로 주목을 받기도 했습니다. 제2차 세계대전이 끝난 뒤, 호지킨은 국제 결정학회를 세우는 데 참여했습니다. 이 학회에는 동독과 소련의 과학자들이 포함되어 있었습니다. 또한 호지킨이 만든 평화를 위한 과학 모임에는 공산주의자들이 속해 있었지요. 1953년, 미국 캘리포니아에서 열리는 학회에 라이너스 칼 폴링Linus Carl Pauling(미국의 물리화학자로 노벨 화학상과 노벨 평화상을 수상함-옮긴이)이 호지킨을 초대했을 때, 미국 국무부는 호지킨의 비자 발급을 거부했습니다. 결국 호지킨은 미국에 가는 대신 모스크바에 가서 과학 정보의 교환 방식을 개선하는 법에 대해 논의했습니다. 그는 1960년대와 1970년대에도 줄곧 평화를 위해 일했습니다. 베트남전쟁에 반대했고, 중국과 북베트남을 방문했습니다. 1976년에 호지킨은 핵무장 철폐와 세계 평화를 위해 설립된 국제 과학자 모임인 퍼그워시회의의 의장이 되었습니다.

옥스퍼드로 돌아간 호지킨은 수십 년 동안 매달렸던 인슐린 문제로 다시 돌아갔습니다. 인슐린은 우리 몸에서 당의 흡수와 에너지 사용을 조절하는 호르몬입니다. 인슐린이 부족하면 아주 위험한 형태의 당뇨병에 걸립니다. 인슐린 분자는 비타민 B12 분자보다도 여덟 배나 크기 때문에 이를 연구한다는 것은 호지킨에게 엄청난 도전이었습니다. 다행히도 1951년에 화학자 프레더릭 생어Frederick Sanger(영국의 생화학자로 두 번의 노벨 화학상을 받음-옮긴이)가 인슐린의 아미노산 서열을 밝힌 데다 컴퓨터의 효율이 빠르게 올라가고 있던 터라 호지킨은 인슐린의 3차원 입체 구조를 드디어 파악할 수 있을 거라 생각했습니다. 그는 수천 장의 엑스선 사진을 분석했습니다. 1969년, 마침내 호지킨은 인슐린의 구조를 발표했습니다. 인슐린은 우리 몸에서 분자 여섯 개가 하나의 단위를 이루고 있었습니다. 중심에 두 개의 아연 원자가 있고 서열이 같은 인슐린 분자 여섯 개가 삼각형 모양으로 아연 원자를 둘러싸고 있었지요.

1950년대부터 1960년대까지 호지킨의 남편은 아프리카에서 더 많은 시간을 보냈습니다. 1964년 10월에 호지킨은 남편을 보러 가나에 갔다가 자신이 노벨 화학상을 받게 되었다는 소식을 들었습니다. 당시 호지킨의 세 자녀도 각각 알제리, 잠비아, 인도에서 일하고 있었습니다.

1965년에는 영국의 여왕 엘리자베스 2세가 호지킨에게 메리트 훈장을 수여했습니다. 호지킨은 나이팅게일 이후 처음으로 이 훈장을 받은 여성이었습니다. 1977년, 퇴직한 호지킨은 옥스퍼드 북쪽에 위치한 코츠월즈 지역의 석조 주택에서 살았습니다. 심한 관절염과 골반 골절로 운신이 불편했지만, 과학과 평화를 위한 국제회의에 빠지지 않고 참석했습니다.

1990년, 드디어 미국에서 방문 비자를 발급했습니다. 이미 여든이 넘었고 휠체어에 묶인 신세였지만 호지킨은 즉시 미국 특강 일정을 잡았습니다. 그는 의자가 없는 강연장에서 인슐린과 결정학의 역사와 미래에 대해 강연했습니다.

도러시 크로풋 호지킨

호지킨은 1994년에 뇌졸중으로 세상을 떠났습니다. 호지킨의 지도 학생이었던 마만나마나 비자얀은 다음과 같이 회고했습니다.

호지킨 교수님의 전설적인 업적을 전부 다 이야기하기는 무척 어렵습니다. 하지만 그보다 어려운 것은 교수님의 인격을 몇 마디 말로 표현하는 것입니다. 교수님은 따뜻하고 솔직하고 살가웠으며 배려심이 깊은 분이었습니다.

노벨상 수상자인 맥스 퍼루츠Max Perutz(대학원에서 호지킨과 같은 연구실 소속이었던 분자생물학자-옮긴이)도 마만나마나와 비슷한 이야기를 남겼습니다. "호지킨은 마법 같은 것을 품고 있었어요. 그에게는 적이 하나도 없었습니다. 호지킨의 연구 결과 때문에 펼쳤던 이론이 무너진 과학자도, 정치적 관점이 정반대인 사람도 적이 되지 않았습니다."

페니실린의 구조

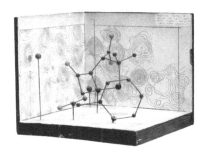

페니실린은 푸른곰팡이가 자랄
때 분비하는 화학 물질입니다. 페
니실린의 구조에서 중요한 것은
'베타락탐 고리'입니다. 모든 세
균에는 세포벽이 있는데 세균이
자라고 분열해서 증식할 때 세포
벽은 깨졌다가 다시 만들어집니다. 베타락탐 고리는 세균의 세포벽이 다
시 만들어질 때 필요한 교차 결합이 생기지 않도록 막습니다. 그렇게 되
면 세포벽이 약해져 분해되어 버리고 결국 세균이 죽습니다.

미국은 제2차 세계대전 중에 옥수수의 액체 부산물이 든 넓은 탱크에
멜론을 넣고 푸른곰팡이를 길러 페니실린을 대량 생산했습니다.

적색 공포 시대

1930년대 대공황 시절에 서양의 많은 지식인은 경제적 평등이라는 공산
주의적 이상에 사로잡혔습니다. 제2차 세계대전 중에 스탈린이 이끄는 소
련은 연합군의 편에 서서 히틀러가 이끄는 독일과 싸웠습니다. 그러나 전
쟁이 끝나자 소련과 다른 연합국의 관계는 급속하게 나빠졌습니다. 소련
은 간첩들을 이용해서 원자폭탄을 만들었고, 동유럽과 중부 유럽까지 철
의 장막으로 울타리를 쳤습니다. 중국 공산주의자들은 미국이 지원했던

국민당을 무찌르고 내전에서 이겼습니다. 이후 중국은 한국전쟁에서 미국과 동맹을 맺은 남한과 싸우는 북한을 지원했습니다.

1947년부터 1950년대에 이르는 적색 공포 시대에 미국 정부는 공산주의자로 의심되는 사람들을 수사했고 충성을 맹세하기를 강요했으며, 국외에서 방문하는 사람들도 철저히 조사했습니다. 수많은 유명 학자가 공산주의에 동조하거나 연관되어 있다는 이유로 비자를 거절당했습니다.

15 베타붕괴 반응

우젠슝
Chien-Shiung Wu 吳健雄
1912~1997

우젠슝, 출생 | 1912 ----- 1912 | 쑨원, 중화민국 임시 대총통으로 취임

쑨원

우젠슝, 난징 대학 졸업 | 1934

1936 | 우젠슝, 미국으로 이주

일본의 중국 침공 | 1937

우젠슝, 캘리포니아 버클리 대학에서 | 1940
박사 학위 취득

1941~45 | 미국의 제2차 세계대전 참전

우젠슝, 위안자류와 결혼 | 1942

우젠슝, 맨해튼 프로젝트에 참여 | 1944

1945 | 히로시마와 나가사키에 원자폭탄 투하

마오쩌둥, 중화인민공화국 수립 | 1949

1952 | 우젠슝, 컬럼비아 대학
물리학과 부교수로 임명

우젠슝, 베타붕괴 반응의 | 1957
반전성 위반을 실험으로 입증

1957 | 양전닝과 리정다오, 노벨상 수상

1962 | 앤디 워홀, 메릴린 먼로 판화 시리즈 제작

비틀즈, 미국 방문 | 1964

1965 | 우젠슝,
《베타붕괴》출간

닉슨, 중국 방문 | 1972

1975 | 베트남전쟁 종결

마오쩌둥, 사망 | 1976

미국에 간 비틀즈

앤디 워홀, 〈메릴린 먼로〉

1997 | 우젠슝, 사망

중국의 마오쩌둥 주석

1956년의 이른 봄날, 이론물리학자 리정다오李政道는 동료 우젠슝吳健雄에게 조언을 구하러 컬럼비아 대학 물리학과 건물 13층으로 올라갔습니다. 그에게는 해결해야 할 문제가 있었습니다.

리정다오와 양전닝杨振宁은 핵물리학을 근본적으로 뒤흔들 새로운 가설을 시험하고 싶었습니다. 그때까지 물리학에서 관찰된 모든 상호 작용은 대칭적이었습니다. 각 상호 작용을 거울을 통해 봐도 똑같이 보인다는 뜻입니다. 그런데 원자가 저절로 전자를 방출하는 방사성 베타붕괴 반응을 수학적으로 계산할 때 대칭성을 가정하면 문제가 생긴 거예요. 그때까지 아무도 베타붕괴 반응에서 대칭성이 보존되는지 실험으로 확인한 적이 없어서 리정다오는 훌륭한 이론물리학자답게 실험물리학자에게 의논하러 갔던 것입니다.

물리학에는 늘 이론과 실험 사이에 교류가 있습니다. 새로운 실험 데이터가 등장하면 이론을 완전히 재검토하기도 하지요. 이론물리학자는 상상력과

젊은 시절의 우젠슝

수학을 이용해 의문을 제기하고 가능한 설명을 생각해 냅니다. 이러한 설명은 대체로 시험하기가 매우 어려워서 실험물리학자는 상상력과 기술, 측정 지식을 이용해 이러한 가설을 시험할 방법을 찾아냅니다. 리정다오와 양전닝은 베타붕괴 반응에서 대칭성이 보존될 거라고 거의 확신했습니다. 다만 만에 하나 보존되지 않을 가능성 때문에 실험으로 확인해 보아야 한다고 생각했습니다.

우젠슝은 리정다오의 이야기를 듣고 구체적인 실험을 제안했습니다. 매우 낮은 온도에서 강한 자기장을 걸고 원자량이 60인 코발트(코발트-60)가 베타붕괴를 할 때 전자가 비대칭적으로 방출된다면 그것을 감지할 수 있으리라 여겼지요. 이렇게 시작된 공동 연구로 그들은 나중에 노벨상까지 받게 되었습니다.

우젠슝은 중국 상하이 근교의 류허 마을에서 태어났습니다. 그의 이름인 '젠슝健雄'은 중국어로 '용감한 영웅'이라는 뜻인데, 이름에서부터 우젠슝의 아버지가 딸에 거는 기대가 컸다는 걸 알 수 있지요. 기술자 출신인 아버지는 여성도 교육을 받아야 한다는 신념을 갖고 중국 최초로 여학생을 위한 사립 초등학교를 세워 직접 학생들을 가르쳤습니다. 우젠슝도 부모님이 세운 학교에 다녔는데, 열한 살이 되던 해에 운하 도시 쑤저우의 기술

쑤저우 운하에 떠 있는 배들

학교로 전학했어요.

고등학생이 된 우젠슝은 진로를 결정해야 했습니다. 쑤저우 여학교에는 대학 준비반과 서양식 교사 양성반이라는 두 가지 선택지가 있었습니다. 우젠슝은 교사 양성반을 골랐지요. 영어를 배우고 미국인 방문 교수들의 강의를 듣는 일은 즐거웠습니다. 하지만 때때로 자신의 선택을 후회하기도 했습니다. 대학 준비반에 들어간 친구들은 화학, 물리, 수학 분야의 양서를 볼 수 있었기 때문입니다. 그래서 밤이면 기숙사에서 대학 준비반 친구들의 책을 빌려 읽곤 했습니다.

1930년, 열일곱 살의 우젠슝은 고등학교를 1등으로 졸업하고 난징의 일류 대학에 합격했습니다. 우젠슝은 물리학을 공부하고 싶었지만, 그동안 제대로 준비하지 못한 탓에 조금 불안하고 자신이 없었습니다. 다행히 초등학교 교장 선생님인 아버지가 나서서 도와주었습니다. 대학 합격 소식을 들은 다음 날, 아버지는 책 세 권을 집으로 가져왔습니다. 화학 교재와 물리학 교재, 고급 수학 교재였습니다. 아버지는 교재를 건네면서 "장애물은 무시하거라. 고개를 숙이고 그저 앞으로 나아가면 된다."라고 말했습니다. 우젠슝은 아버지의 격려에 힘입어 여름 내내 공부에 몰두했고, "아버지의 격려가 아니었다면, 저는 지금 중국 어딘가에서 초등학교 선생님으로 있었을 거예요." 하고 지난날을 되돌아봤습니다.

1934년에 난징의 국립중앙대학을 졸업한 우젠슝은 한동안 그곳에서 강사로 일하며 엑스선 결정학 연구를 했습니다. 하지만 박사 학위를 받고 싶었던 우젠슝은 1936년에 미국으로 가는 배를 탔습니다.

원래는 미시간 대학에 입학할 예정이었지만, 그곳에서 여학생은 학생회에 참여할 수 없다는 사실을 알고 마음을 바꿔 캘리포니아 버클리 대학에 들어갔습니다.

버클리 대학에서 우젠슝은 세계 최초로 사이클로트론을 만든 어니스트 로런스Ernest Lawrence와 반양성자를 발견한 에밀리오 세그레Emilio Segrè 등 당대에 내로라하는 물리학자들 밑에서 핵분열을 공부했습니다. 맨해튼 프로젝트의 책임자로서 원자폭탄을 개발한 로버트 오펜하이머Robert Oppenheimer도 이 학교의 교수로 재직하고 있었습니다.

우젠슝은 강의실과 실험실에서 빼어난 성취율로 우수 학생으로 선정되었고, 1940년에는 그토록 원하던 박사 학위를 받았습니다. 그러나 거듭 벽에 부딪혔습니다. 여성인 데다 아시아인이라는 이유로 대학원 장학금을 받지 못한 적도 있었지요. 우젠슝은 박사 학위를 받은 뒤에 버클리 대학의 연구원으로 일했지만 교수가 되지는 못했습니다. 당시 미국의 명문 대학 물리학과에는 여자 교수가 없었습니다.

이 시기는 또 다른 이유로 우젠슝에게 힘든 시기였습니다. 제2차 세계대전을 예고하듯이 1937년에 일본이 중국을 침공했기 때문입니다. 우젠슝은 가족과 연락을 나눌 방법이 없었고, 제2차 세계대전이 끝난 뒤에야 가족이 안전하게 살고 있음을 확인했습니다. 하지만 얼마 지나지 않아 중국 내에서 국공 내전이 일어났고, 공산당이 정권을 잡았습니다. 우젠슝은 중국으로 돌아가지 않았고, 다시는 가족을 만나지 못했습니다.

1942년에 우젠슝은 버클리 대학을 함께 다녔던 위안자류袁家騮(중국의 정치가 위안스카이의 손자이자 물리학자-옮긴이)와 결혼해서 미국 동부로 이사를 갔습니다. 위안자류는 뉴저지주 프린스턴에 있는 RCA 회사에 연구원으로 취직했고, 우젠슝은 스미스 대학에서 강의할 기회를 얻었습니다. 제2차 세계대전의 영향으로 남자들이 휴직을 많이 하자 강사 자리가 갑자기 늘어난 탓이었지요. 그 뒤로 우젠슝에게 컬럼비아 대학, 프린스턴 대학, 메사추세츠 공과대학에서 강사 제의가 밀려왔고, 그는 프린스턴 대학에 자리를 잡아 해군 장교들에게 핵물리학을 가르쳤습니다. 핵분열과 방사선에 대한 지식을 인정받은 우젠슝은 1944년에 컬럼비아 대학 소속으로 비밀리에 진행되었던 맨해튼 프로젝트에도 참여했습니다.

맨해튼 프로젝트에서 우젠슝이 맡은 일은 방사선을 더 잘 감지하기 위해 가이거 계수기(방사선 검출기-옮긴이)를 개선하는 것이었습니다. 그러던 중에 페르미의 연구를 도와서 우라늄을 더 좋은 효율로 농축시키기도 했습니다.

전쟁이 끝나고, 컬럼비아 대학의 연구원이 된 우젠슝은 1947년, 아들 빈센트를 얻었습니다. 육아와 연구를 이어 가던 우젠슝은 실험실과 집을 빠르게 오갈 수 있도록 컬럼비아 대학 근교로 이사했습니다. 언제나 연구를 게을리하지 않았던 우젠슝은 "실험실에서 돌아와 더러운 접시로 가득한 주방 싱크대를 마주하는 것보다 더 나쁜 일이 딱 한 가지 있습니다. 바로 실험실에 아예 가지 않는 것입니다."라고 당시를 기억했습니다. 1952년, 우젠슝은 컬럼비아 대학의 물리학과 부교수가 되었고, 계속해서 자신의 전문 분야인 베타붕괴를 연구했습니다.

우젠슝은 1956년부터 1957년까지 리정다오와 양전닝의 가설을 시험하는 실험에 열중했습니다. 그는 국립표준연구소의 저온물리학 실험실에 도움을 청했습니다. 그들은 낮은 압력에서 액체 수소와 액체 헬륨을 이용

컬럼비아 대학의 우젠슝

해 코발트-60의 온도를 절대 영도에 아주 가까운 0.01켈빈까지 낮추었습니다. 이렇게 낮은 온도에서 원자들은 거의 움직이지 않았고, 코발트-60 원자에 자기장을 걸어서 원자핵에 들어 있는 입자들의 스핀(물리학에서 입자의 운동과 무관한 고유의 회전운동량을 나타낸 개념-옮긴이)을 같은 방향으로 정렬했습니다. 놀랍게도 원자핵의 스핀이 반대 방향일 때 전자는 방출되는 방향이 달라졌을 뿐 아니라 거울을 통해서도 다르게 보였습니다. 그때까지 물리학의 보편적 법칙으로 여겼던 반전성(대칭성의 한 종류) 보존 법칙이 깨진 것입니다. 그들은 샴페인을 땄습니다. 우젠슝은 훗날 이 실험에 대해 이렇게 말했습니다.

더없이 큰 행복과 희열을 느낀 순간이었어요. 이와 같은 자연의 경이로움을 엿보는 일은 평생에 다시없을 것입니다.

이 발견은 전 세계 물리학계에 기념비적인 사건이 되었습니다. 볼

프강 파울리Wolfgang Pauli는 실험 결과를 듣고 "말도 안 됩니다!"라고 소리쳤습니다. 하지만 다른 연구자들도 실험을 통해 같은 결과를 거듭 확인했습니다. 우젠슝의 컬럼비아 대학 동료 한 명은 걱정스러운 목소리로 "비교적 완전했던 이론이 토대부터 부서져 버렸고, 우리는 그 조각을 어떻게 다시 엮어야 할지 잘 모릅니다." 하고 돌려 말하기도 했지요. 이에 노벨상 위원회는 유례없이 빠르게 움직여 1957년에 리정다오와 양전닝에게 노벨상을 수여했습니다. 하지만 우젠슝은 수상자에 포함되지 않아 많은 물리학자가 당황했습니다. 공식적인 수상 제외 이유는 우젠슝이 다른 물리학자들의 독창적인 발상을 확인하는 실험'만' 했다는 것이었습니다.

우젠슝은 노벨상을 받지 못해 몹시 실망했지만, 다른 상을 아주 많이 받았습니다. 이스라엘의 울프 재단에서 주는 제1회 울프 물리학상도 받았고, 여성으로서는 처음으로 미국 과학 아카데미에서 주는 콤스톡상을 받았습니다. 우젠슝은 이후에도 계속 활발하게 연구했습니다. 학생들 사이에서는 하루도 쉬지 않고 실험실에 나와 있기를 바라는 엄격한 지도 교수로 소문이 났지만, 대학원생들은 그에게 배우기 위해 너도나도 모여들었습니다. 우젠슝의 수상 소식은 끊이지 않았고, 그는 곧 정교수가 되었습니다. 여성 과학자로는 처음으로 프린스턴 대학에서 명예박사 학위를 받기도 했지요. 그는 미국 과학 아카데미 회원으로 뽑힌 일곱 번째 여성이기도 했습니다.

1963년, 우젠슝은 훗날 노벨상을 타게 될 이론물리학자 리처드

파인먼Richard Feynman과 머리 겔만 Murray Gell-Mann의 이론을 실험으로 증명했습니다. 2년 뒤에는《베타붕괴》를 출간했고, 이 책은 핵물리학의 표준 교재가 되었습니다. 1975년에 미국 물리학회는 그를 최초의 여성 회장으로 선출했습니다. 그리고 같은 해에 제럴드 포드 미국 대통령으로부터 국가 과학 훈장을 받았습니다.

우젠슝

1981년에 퇴직한 우젠슝은 강의를 계속했습니다. 여성이 과학, 특히 물리학을 공부하면서 부딪히는 벽에 대해 자주 공론화했지요. 그리고 살아 있는 과학자로서는 처음으로 자신의 이름을 딴 소행성이 생겼습니다.

1997년, 우젠슝은 여든네 살의 나이에 뇌졸중으로 세상을 떠났습니다. 그의 동료 한 명은 중국에서 온 작은 체구의 여성 과학자 우젠슝을 가리켜 "물리학의 거장"이라고 표현했습니다. 그리고 미국 여성 명예의 전당에 적혀 있듯이 그가 "현대 물리학 이론을 뿌리째 바꿔 놓았고, 우주의 구조에 대한 우리의 기존 관점을 변화시켰다."라고 덧붙였습니다.

방사성 베타붕괴

원자는 양성자와 중성자, 전자로 구성됩니다. 양성자와 중성자가 빽빽하게 들어찬 원자핵 주위를 전자구름 또는 전자껍질이 둘러싸고 있습니다. 원자핵에 들어 있는 양성자의 개수가 원자의 화학적 성질을 결정합니다. 양성자의 개수에 따라 금 원자인지 산소 원자인지가 정해지는 것입니다. 그런데 물리학자들은 20세기 초에 한 종류의 원자가 저절로 방사선을 내보내면서 다른 종류의 원자로 바뀌는 현상을 발견했습니다. 이때 방출되는 방사선에는 알파, 베타, 감마의 세 가지 종류가 있습니다.

방사성 베타붕괴는 원자가 원자핵에서 전자 1개를 저절로 내보낼 때 일어납니다. 이때 원자핵에 있는 중성자 1개가 양성자로 바뀌므로 양성자가 하나 더 있는 다른 원소가 됩니다. 예를 들어 탄소 원자에서 베타붕괴가 일어나면 질소 원자로 바뀝니다. 리정다오와 양전닝은 베타붕괴가 일어날 때 전자들이 모든 방향으로 골고루 방출되는지 확인하고 싶었던 것입니다.

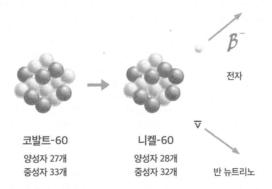

코발트-60
양성자 27개
중성자 33개

니켈-60
양성자 28개
중성자 32개

B^-
전자

∇
반 뉴트리노

파란만장한 중국 현대사

우젠슝의 일생은 파란만장한 중국 현대
사와 겹쳤습니다. 그가 태어난 1912년
에 중국의 마지막 황제가 폐위되었고,
중국은 쑨원이 이끄는 공화국이 되었
습니다. 그러나 중앙정부는 세력이 약
했고, 얼마 지나지 않아 중국 북부의 군
벌들과 국민당과 공산당이 세력 다툼
을 시작했습니다. 제2차 세계대전이 일
어나기 직전, 일본은 만주를 점령했고

중화인민공화국 선포

1937년에 중국 본토를 침략했습니다. 무자비하고 파괴적으로 중국을 통
치한 일본은 1941년에 미국 하와이의 진주만을 폭격했습니다. 이 일로 미
국은 전쟁에 참전했습니다.

　1945년에 연합군이 이긴 뒤에도 중국에는 평화가 오지 않았습니다. 국
민당 정부와 공산당 반란군 사이의 내전이 심각해진 것입니다. 결국 공산
주의자들이 이겼고, 1949년에 마오쩌둥 주석은 중화인민공화국 수립을
선포했습니다. 강제적인 토지 재분배, 정치 보복, 정기적인 지식인 핍박이
시작되었습니다.

16 신약 개발

거트루드 벨 엘리언

Gertrude Belle Elion

1918~1999

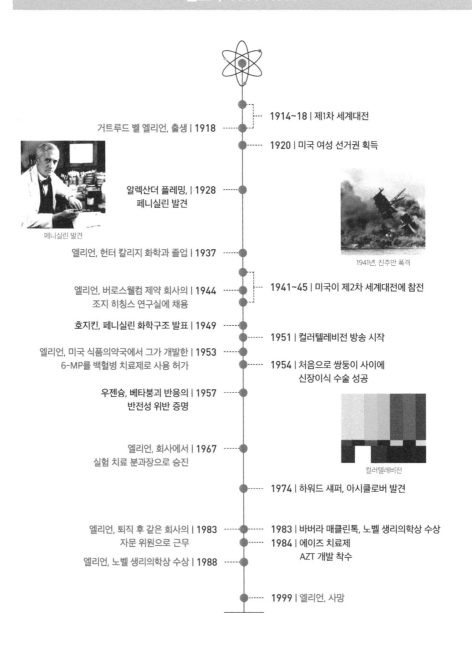

1914~18 | 제1차 세계대전

거트루드 벨 엘리언, 출생 | 1918

1920 | 미국 여성 선거권 획득

알렉산더 플레밍, | 1928
페니실린 발견

페니실린 발견

엘리언, 헌터 칼리지 화학과 졸업 | 1937

1941년, 진주만 폭격

엘리언, 버로스웰컴 제약 회사의 | 1944
조지 히칭스 연구실에 채용

1941~45 | 미국이 제2차 세계대전에 참전

호지킨, 페니실린 화학구조 발표 | 1949

1951 | 컬러텔레비전 방송 시작

엘리언, 미국 식품의약국에서 그가 개발한 | 1953
6-MP를 백혈병 치료제로 사용 허가

1954 | 처음으로 쌍둥이 사이에
신장이식 수술 성공

우젠슝, 베타붕괴 반응의 | 1957
반전성 위반 증명

엘리언, 회사에서 | 1967
실험 치료 분과장으로 승진

컬러텔레비전

1974 | 하워드 섀퍼, 아시클로버 발견

엘리언, 퇴직 후 같은 회사의 | 1983
자문 위원으로 근무

1983 | 바버라 매클린톡, 노벨 생리의학상 수상

1984 | 에이즈 치료제
AZT 개발 착수

엘리언, 노벨 생리의학상 수상 | 1988

1999 | 엘리언, 사망

20세기에 가장 많은 신약을 개발한 사람 중의 하나인 거트루드 벨 엘리언은 1918년에 미국 뉴욕에서 태어났습니다. 그의 부모님은 둘 다 이민자였고 유대교의 율법학자인 랍비 집안 출신의 자제들이었어요. 치과 의사이자 증권 중개인이었던 아버지 덕분에 엘리언의 가족은 맨해튼에서 부유하게 살다가 1929년에 주식시장이 폭락하자 브롱크스로 이사했습니다.

엘리언의 어릴 때 별명은 '트루디'였습니다. 수줍음이 많았고, 과학을 특별히 좋아한 것도 아니에요. 다만 엘리언은 월턴 여자 고등학교에서 두 학년을 월반했고, 열다섯 살에 졸업할 정도로 우등생이었지요. 당시 뉴욕 시립 대학은 일정 수준 이상의 입학생에게 우수한 대학 교육을 무료로 제공했는데 엘리언은 운이 좋게도 뉴욕 시립 대학에 소속된 여자대학인 헌터 칼리지에 입학했습니다. 이렇다 할 전

거트루드 벨 엘리언

공을 찾지 못하고 있던 차에 엘리언의 할아버지가 위암으로 병원에 입원했습니다. 할아버지의 고통을 지켜본 엘리언은 질병을 치료하는 과학을 공부하기로 결심했습니다. 그리고 4년 뒤에 최우수 성적으로 화학과를 졸업했습니다.

대학을 졸업하자마자 만난 통계학과 학생 레너드 캔터Leonard Canter 는 엘리언의 유일한 연인이었습니다. 캔터는 붉은 머리카락의 엘리언을 "총명하고 (…) 활기차고 즉흥적이며 반짝이는 영혼"이라고 표현했어요. 두 사람은 함께 연극과 연주회를 보러 가고 과학에 대해 토론하면서 4년 동안 연애했습니다. 캔터는 엘리언의 꿈을 존중했습니다. 당시 엘리언은 박사 과정을 밟고 싶었지만 돈이 모자라서 장학금이 필요했습니다. 하지만 뛰어난 성적에도 불구하고 여성이라는 이유로 대학원 열다섯 군데에서 입학을 거절당했습니다. 어떤 대학원에서는 "입학 자격은 충분합니다. 하지만 우리는 지금까지 실험실에 여학생을 받아본 적이 없어요. 실험실 분위기가 산만해질 우려가 있습니다." 하고 말하기도 했습니다.

의기소침해진 엘리언은 비서 양성 학교에 등록했는데 얼마 지나지 않아 간호학을 공부하는 학생들에게 3개월 동안 화학을 가르치는 조건으로 200달러의 급여를 준다는 제안을 받았습니다. 엘리언은 망설임 없이 이 일을 맡았어요. 그리고 나서 덴버 화학 회사의 화학 실험실에서 무급으로 일하기로 했습니다. 매일 실험실에서 퇴근하면 두 시간 반 동안 전철을 타야 했고, 서둘러 저녁을 먹고 수업을 갔다 돌아오면 밤 10시가 되는 고단한 일상이 시작되었습니다. 하지만 엘리언은 캔터에게 보낸 편지에 "그럴 만한 가치가 있어. 적어도 자신감은 생겼거든."이라고 썼습니다.

이때 캔터는 장학금을 받고 파리에 1년 동안 공부하러 갔습니다. 그 사이에 엘리언은 덴버 화학 회사에서 월급을 받기 시작했고요. 그는 곧 뉴욕 대학의 화학과 대학원에 다니는 데 필요한 등록금 450달러를 모아 대학원에 진학했습니다. 엘리언은 대학원에 다니며 오전에는 개인 병원의 원무과에서 일했고, 간혹 임시직 교사로 일하면서 나머지 비용을 충당했습니다. 엘리언은 훗날 젊은 여성들에게 이렇게 조언했습니다.

> 열심히 일하는 것을 두려워하지 마세요. 가치 있는 결과는 쉽게 얻을 수 없습니다. 남들이 하는 말 때문에 의욕을 잃지 마세요. 나는 못한다고 생각하지도 마세요. 예전에 제가 한창 공부하던 시절, 여성은 화학을 직업으로 삼을 수 없다는 말을 들었습니다. 하지만 도무지 그 이유를 납득할 수 없었지요.

파리에서 돌아온 캔터는 우수한 성적으로 대학을 졸업했습니다. 그런 그도 일자리를 구하는 데 꽤나 애를 먹었습니다. 캔터는 메이시 회사에 취직할 뻔했지만, 건강검진 중에 류마티스성 심장 질환이 발견되어 채용이 무산되었습니다. 캔터는 좌절했지만 금세 증권 중개 회사에 일자리를 얻었고, 곧 엘리언과 약혼했습니다. 그러나 그해 11월, 세균성 심장내막염으로 쓰러지고 말았지요. 아직 항생제가 나와 있지 않아서 치료할 방법이 없던 캔터는 6개월 넘게 병으로 고생하다가 엘리언의 눈앞에서 세상을 떠났습니다. 엘리언은 캔터가 떠날 때 '믿음, 희망, 위안, 아름다움'을 다 가져갔다고 이야기했습니다. 이후로 엘리언은 한동안 연애하지 않았고, 평생 독신으로 일만 바라보고 살았습니다. 그는 여성 과학자로서 진지하게 연구하려면 결혼을 포기해야 했다고 말했습니다.

> 여성은 결혼하면 해고되곤 했어요. 임신하면 다 쫓아냈고요. 육아휴직이라는 것이 존재하지 않았습니다.

캔터마저 세상을 떠난 뒤, 엘리언은 다시금 자신의 목표에 전념했습니다. 화학을 연구해 질병을 치료하겠다는 목표였습니다.

1941년에 미국은 제2차 세계대전에 참전했습니다. 남자들이 전쟁터로 떠나는 바람에 여자들을 위한 기회가 많아졌습니다. 엘리언이 "남자들이 전쟁터로 떠나지 않았다면 과연 연구소에 들어갈 수 있었을지 모르겠어요."라고 말할 정도로 일자리가 늘어났습니다. 그는 에이앤피 슈퍼마켓 회사에서 식료품을 검사하는 품질 관리자로 취직했습니다. 단순한 일이었지만 어쨌든 화학과 관련된 일이었어요. 딸기에 곰팡이가 있는지 확인했고, 피클을 담은 액체의 산성도를 쟀고, 마요네즈에 들어가는 달걀노른자의 색깔을 검사했습니다. 품질 관리에 대해서도 배웠습니다.

1943년에는 존슨앤드존슨 제약 회사에서 설파제(화학 구조에 설폰아마이드 작용기가 포함된 여러 약물을 가리킨다. 처음에는 항생제로 쓰였고 나중에 다른 용도도 개발되었다. -옮긴이)를 개발하는 작은 연구소를 열고 엘리언을 채용했습니다. 마침내 그가 원하는 일을 할 기회가 왔습니다. 하지만 고작 6개월 만에 연구소는 문을 닫았고, 회사에서 수술용 실絲의 강도를 시험하는 일을 맡기려 하자 엘리언은 다른 직장을 알아보기로 했습니다.

이번에는 치과 의사인 아버지가 도움을 주었습니다. 아버지는 버로스웰컴 제약 회사로부터 코데인(아편 성분이 든 기침약-옮긴이)과 아스피린을 섞어 만든 약인 엠피린의 무료 표본을 받은 참이었습니다. 아버지는 엘리언에게 이 회사에 연구원 자리가 있는지 알아보면 어떻겠냐고 제안했습니다. 엘리언은 아버지의 조언을 따랐고, 버로스웰컴에 소속된 화학자 조지 히칭스George Hitchings는 주급 50달러에 엘리언을 채용했습니다. 엘리언은 처음 입사할 때 더 이상 배울 것이 없어지면 바로 버로스웰컴을 떠나겠다고 다짐했지만 이후 40년 동안 같은 회사에서 일했습니다. 엘리언은 일하면서 유기화학과 생화학, 미생물학, 종양의학, 면역학, 바이러스학 등을 배웠습니다. 처음에는 브루클린 공과대학에서 박사 과정을 병행하느라 낮에는 일을 하고 밤에는 강의를 들었습니다. 하지만 학교는 그에게 일을 그만두고 박사 과정에 전념하거나, 박사 과정을 그만두라고 통보했습니다. 결국 엘리언은 학교를 그만두었습니다.

히칭스는 엘리언보다 열세 살이 많았습니다. 그는 하버드 대학에서 생화학 박사 학위를 받은 뒤에 버로스웰컴의 유일한 생화학자로 일하고 있었습니다. 1944년, 그의 팀에 엘리언이 합류하며 이후 30년이나 지속될 대단히 생산적인 공동 연구팀이 탄생했습니다. 그전까지 대부분의 약은 우연이나 시행착오를 통해 발견되었는데 히칭스는 새로운 방식을 떠올렸습니다. 그는 생화학 반응을 충분히 파악한 상태

조지 히칭스와 거트루드 벨 엘리언

라면 신약을 더 합리적으로 설계할 수 있을 거라고 생각했습니다.

1944년, 엘리언이 실험실에 들어갔을 때 히칭스는 DNA의 구성 요소인 핵산에 관심을 갖고 연구하고 있었습니다. 바로 그해에 오즈월드 에이버리Oswald Avery가 DNA 분자에 유전정보가 들어 있다는 증거를 논문으로 발표했기 때문입니다. DNA의 실제 구조는 9년이 더 지나서야 제임스 왓슨James Watson, 프랜시스 크릭Francis Crick, 로절린드 프랭클린Rosalind Franklin에 의해 밝혀졌습니다. 당시에 히칭스와 엘리언이 주목한 것은 세균과 암세포는 건강한 인간의 세포보다 훨씬 빠른 속도로 자라기 때문에 DNA 합성을 아주 많이 해야 한다는 점이었습니다. 그렇다면 DNA 합성을 방해하는 것이야말로 암이나 세균 감염을 치료하는 합리적 접근법인 셈이었습니다.

히칭스는 엘리언에게 푸린계 핵산을 조사하라고 지시했습니다.

엘리언은 도서관과 실험실에서 많은 시간을 보내며 푸린계 핵산을 합성하는 방법을 익혔어요. 천연 푸린계 핵산과 비슷한 분자를 설계해서 합성할 수 있다면, 이렇게 합성한 물질을 실제 몸속에서 DNA를 만들 때 필요한 효소에 결합시킨다면, 진짜 푸린계 핵산으로 DNA를 만들 때 효소가 제대로 작동하지 못할 것입니다. 이와 같이 DNA 합성을 방해하면 세균이나 암세포의 엄청나게 빠른 세포 증식을 막을 수 있을지도 모른다는 아이디어였습니다. 이러한 종류의 약은 세포의 정상적인 성장과 작용, 즉 세포 대사를 방해한다는 뜻에서 나중에 '대사 길항 물질'로 분류되었습니다.

두 사람은 새로 합성한 화합물을 락토바실러스 카제이 유산균에 시험해 보았습니다. 1948년에 엘리언은 두 개의 아미노기를 가진 푸린 화합물인 디아미노푸린을 합성했습니다. 디아미노푸린은 락토바실러스 카제이의 성장을 막았습니다. 두 사람은 함께 연구하는 의사들에게 이 사실을 알렸습니다. 의사들은 몇몇 성인 만성 백혈병 환자에게 디아미노푸린을 투여해 보았습니다. 백혈병은 미성숙한 백혈구가 비정상적으로 늘어나 감염과 출혈로 사망하는 질병입니다. 환자 두 명에게는 백혈병 증상이 일시적으로 사라지는 효과가 있었지만, 다른 두 명은 구토가 너무 심해 임상 시험을 그만둘 수밖에 없었습니다. 그래도 제법 성공적이었기에 회사는 항암제 개발에 박차를 가하기로 했습니다.

그다음에 엘리언은 푸린 분자에 있는 산소 원자 하나를 황 원자로 교체해 '6-머캅토푸린(6-MP)'을 만들었습니다. 이 약은 수많은 어린이 급성 백혈병 환자를 치료했고, 백혈병 진단 후 평균 생존 기간이 수개월에서 1년 이상으로 늘어났습니다.

그러나 곧 모든 환자의 백혈병이 재발했습니다. 엘리언은 이 사실에 너무도 마음이 아파서 장장 6년 동안 6-MP가 갖고 있는 항암 작용의 모든 측면을 파악하려고 애썼습니다. 그러다가 6-MP를 다른 약과 결합하면 재발이 늦어지고 때때로 완치된다는 사실을 알아냈습니다. 오늘날 이 방법으로 항암 화학요법을 받은 어린이 백혈병 환자의 거의 80퍼센트가 완치됩니다.

이 시기에 엘리언은 제1저자로 많은 논문을 썼습니다. 히칭스의 실험실에서 전반적인 지도를 받았다는 뜻에서 히칭스는 교신 저자로 수록되었습니다. 엘리언의 직감과 생산성을 믿었기에 히칭스는 엘리언이 스스로 연구 방향을 설정하게 했습니다. 이것은 탁월한 결정이었어요. 엘리언은 신약에 대한 특허를 45개나 따냈습니다.

엘리언은 6-MP를 개발할 때 사용했던 합리적 설계의 원리들을 적용해 다른 약들을 개발했습니다. '6-티오구아닌(6-TG)'은 푸린 계열의 다른 화합물로, 백혈구의 이상 증식을 줄였을 뿐 아니라 인체의 면역 반응도 막았습니다. 당시 외과 의사들은 신부전과 같은 병을 치료할 때 장기이식을 시도했습니다. 그런데 장기이식에는 커다란 걸림돌이 있었습니다. 일란성 쌍둥이끼리 장기를 주고받는 경우가 아니면, 이식받은 사람의 몸이 이식된 장기를 이물질로 인식해서 백혈구를 보내 파괴해 버리는 것이었습니다. 엘리언은 6-TG를 보스턴의 피터 벤트 브리검 병원의 연구자들과 공유했습니다. 다행히도 6-TG를 투여한 개들은 이식된 신장에 거부반응을 나타내지 않았습니다.

엘리언과 히칭스는 6-TG 연구를 확장하고 개선해 '아자티오푸린'이라는 새 화합물을 발견했습니다. 이 약은 '이뮤란'이라는 제품명으로 판매되었고, 새로 이식한 장기를 거부하는 인체의 면역 반응을 성공적으로 억제했습니다. 아자티오푸린은 류머티스성 관절염 치료제로도 쓰였습니다.

엘리언과 히칭스는 놀라운 속도로 끊임없이 신약을 개발했습니다. 그들은 요산 합성을 줄이는 약인 '알로푸리놀'도 개발했습니다. 핏속에 요산이 너무 많아지면 관절 부위에 요산 결정이 생겨 엄청난 통증을 일으키는 통풍에 걸리거나 신장에 쌓인 요산 결정으로 신장 결석이 생겨 신부전에 이를 수 있습니다. 엘리언과 히칭스는 그밖에도 말라리아를 치료하는 신약 피리메타민과 새로운 항생제 트리메토프림

제임스 길레이, 〈통풍〉 (1799)

도 개발했습니다.

두 사람의 연구 성과 덕분에 히칭스는 1967년에 버로스웰컴 연구부의 부회장으로 승진했습니다. 이후에 히칭스는 직접 연구하기보다 행정에 주력하게 되었고, 엘리언은 실험 치료 분과장으로 승진했습니다. 이전까지 두 사람은 서로 긴밀하게 연구하며 논문과 특허를 공동으로 발표하고 획득했습니다. 하지만 이제부터는 엘리언이 단독으로 연구실을 이끌게 되었습니다.

6-머캅토푸린(6-MP)

6-티오구아닌(6-TG)

엘리언은 오래전부터 관심 가졌던 문제를 본격적으로 들여다보기 시작했습니다. 그는 바이러스 감염증을 치료하는 화합물을 찾을 수 있을지 궁금했어요. 같은 회사의 유기화학자 하워드 섀퍼가 신약 '아시클로버'를 합성하자, 엘리언은 이 약이 정확히 어떤 작용을 하고 어떻게 작동하는지 알아내는 데 집중했습니다. 그 결과, 아시클로버가 헤르페스바이러스의 DNA 복제만 선택적으로 억제한다는 사실을 발견했습니다. '조비락스'라는 제품명으로 시판된 아시클로버는 헤르페스바이러스로 인한 생식기 사마귀, 입술 포진, 그리고 생명에 위협이 되는 헤르페스 뇌염의 주된 치료약이 되었습니

알로푸리놀

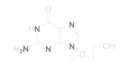

아시클로버

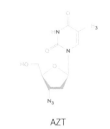

AZT

다. 엘리언은 아시클로버를 '나의 가장 귀한 보석'이라고 불렀지요. 이 약은 버로스웰컴 회사에서 가장 많이 판매되는 간판 의약품이 되었습니다. 엘리언은 헤르페스바이러스를 억제하는 약을 성공적으로 개발한 경험을 바탕으로 다른 특정 바이러스를 억제하는 약을 개발할 수 있다는 확신을 얻었습니다. 훗날 엘리언이 지도한 연구자들은 인간면역결핍바이러스(HIV)를 억제하는 최초의 약인 '아지도티미딘(AZT)'을 합성했습니다. AZT는 최초의 에이즈 치료제였습니다.

1970년에 버로스웰컴 연구소는 뉴욕에서 노스캐롤라이나주의 연구 단지로 옮겨 갔습니다. 엘리언도 연구소를 따라 이사를 갔고, 박사학위가 없는 상태로 명문 듀크 대학의 연구 교수가 되었습니다. 히칭스가 회사를 떠나고 8년 뒤인 1983년, 엘리언도 공식적으로 퇴직했습니다. 이후 엘리언은 사진, 여행, 음악 감상, 발레와 연극 관람을 즐기면서 틈날 때마다 실험실에 나갔습니다.

엘리언은 말년에 명예 학위와 상을 많이 받았습니다. 뉴욕 공과대학의 박사 학위를 비롯해 스물세 개의 명예 학위를 받았습니다. 더불어 미국 과학 아카데미, 의학 연구소, 미국 예술 및 과학 협회의 회원으로 선정되기도 했지요. 국가 과학 훈장을 받았고, 여성으로서는 최초로 국립 발명가 명예의 전당에 들어갔습니다. 1988년에는 히칭스, 제임스 블랙 경Sir James Black과 함께 "약물 치료의 중요한 원리들을 발견한 공로"로 노벨 생리의학상을 받았습니다.

한번은 어떤 사람이 엘리언에게 노벨상을 목표로 살았느냐고 물었습니다. 그러자 엘리언은 "우리가 추구한 것은 사람들을 낫게 하는 것이었습니다. 그로부터 얻은 만족감은 어떠한 상보다도 컸습니다." 라고 대답했습니다.

엘리언의 머리맡에는 그가 받은 가장 귀한 상이 놓여 있었습니다. 그것은 바로 그가 만든 신약으로 치료받은 환자들과 환자 부모들의 감사 편지가 담긴 상자였습니다. 이처럼 아픈 사람을 치료하고 고통에서 벗어나게 하는 일이 언제나 그의 목표였지만, 그게 전부는 아니었습니다. 노벨상 수상 연설 마지막에 엘리언은 이렇게 덧붙였습니다.

항암제 개발은 그 자체로 목적이 되지만, 잠긴 문을 열고 자연의 신비를 엿볼 수 있는 기회이기도 합니다.

미국의 여성 화학자

처음으로 화학 박사 학위를 받은 미국 여성은 레이철 홀러웨이 로이드 Rachel Holloway Lloyd였습니다. 그는 박사 학위를 받기 위해 스위스 취리히 대학에 가서 공부해야 했습니다. 1931년부터 1940년까지 화학 박사 학위를 받은 미국 여성은 300명도 되지 않았습니다. 반면에 2001년부터 2010년까지 화학 박사 학위를 받은 미국 여성은 8,300여 명이나 됩니다.

헤르페스바이러스

헤르페스바이러스는 사람의 몸에 입술 포진, 생식기 사마귀, 수두, 대상포진, 단핵증 등 다양한 질병을 일으키는 DNA 바이러스입니다. 이 바이러스의 이름은 그리스어로 '스며들다'라는 뜻인 '헤르페인'에서 따왔습니다. 헤르페스바이러스에 감염되면 증상이 오락가락합니다.

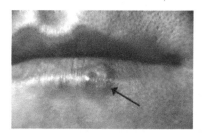

입술 포진

처음에 확 심해졌다가 바이러스가 혈액세포나 신경에 숨어들면서 한동안 완전히 가라앉은 것처럼 보입니다. 그랬다가 다시 나타나기 때문에 붙인 이름입니다. 어떤 경우에는 감염이 뇌나 폐, 눈으로 퍼져 장애가 생기거나 사망하기도 합니다. 예를 들어 수두는 임신부나 면역력이 약한 사람에게 특히 위험하고, 눈에 대상포진이 생기면 시력을 잃을 수 있습니다.

아시클로버는 앞서 말한 대부분의 증상에 효과가 좋습니다. 이 약은 헤르페스바이러스에 있는 DNA 합성 효소를 기능하지 못하게 만들어 바이러스 증식을 막습니다.

작가 후기

고마운 여섯 분 덕분에 이 책이 나올 수 있었습니다. 가장 먼저 감사드리릴 분들은 뉴욕 그롤리어 클럽에서 열린 '여성 과학자들에 관한 전시회'를 기획한 로널드 K. 스멜처와 폴렛 로즈, 로버트 J. 루벤입니다. 세 분은 2년간 여성 과학자 서른두 명에 대해 조사하고 자료를 모았습니다. 전시가 열리는 동안에는 관람자를 안내하고, 전시회와 같은 제목의 도록인 《과학과 의학에 종사한 위대한 여성 : 400년에 걸친 성취》를 출간했습니다. 이 도록은 제 책의 출발점이 되었고, 세 분은 저의 원고를 몇 번이나 읽으며 오류를 바로잡아 주었습니다. 그럼에도 남아 있는 오류가 있다면 온전히 제 책임입니다.

그다음으로 감사드릴 분은 예전에 키커리큘럼 출판사를 운영했던 스티브 라스무센입니다. 라스무센 부부는 뉴욕을 방문했다가 그롤리어 클럽의 전시를 보고, 같은 주제로 좋은 책이 나올 수 있겠다는 생각에 로널드 K. 스멜처를 저와 텀블홈러닝 출판사에 소개해 주었습니다.

마지막으로 감사드릴 분들은 유진 본트와 이레나 본트입니다. 두 분이 운영하는 재단에서 이 책의 출간에 필요한 비용을 마련해 주었습니다.

끝으로 이 책에 등장하는, 과학 발전을 이끌어 온 여성 과학자 열여섯 명에게 진심으로 감사드립니다. 그들을 알게 되어 매우 즐거웠습니다.

펜드리드 노이스

더 읽을거리

Carla Bittel, 《메리 퍼트넘 저코비와 19세기 미국 의료계의 정치적 측면Mary Putnam Jacobi and the Politics of Medicine in Nineteenth-Century America》, University of North Carolina Press, 2009. 퍼트넘의 일생을 다룬 첫 번째 전기로 당대의 여성 문제와 과학 쟁점을 중심으로 서술했다.

Mark Bostridge, 《플로렌스 나이팅게일 : 우상의 형성Florence Nightingale : The Making of an Icon》, Farrar, Strauss and Giroux, 2008. 나이팅게일의 전기는 어린이를 위한 책은 물론 어른을 위한 책도 많이 나와 있다. 이 책은 비교적 최근에 출간되었는데, 내용이 포괄적이고 균형 잡혀 있다.

P. M. Dunn, 〈루이즈 부르주아(1563~1636), 프랑스 궁정의 산파Louise Bourgeois(1563~1636); royal midwife of France〉, Archives of 《Diseases of Children, Fetal and Neonatal》 Edition 89, 2004, 185~187쪽. 루이즈 부르주아 부르지에가 쓴 글을 비롯해 그가 동료 의사들과 주고받은 편지를 인용한 책이다.

James Essinger, 《에이다의 알고리즘 : 바이런 경의 딸 에이다 러브레이스는 어떻게 디지털 시대를 열었는가Ada's Algorithm : How Lord Byron's Daughter Ada Lovelace Launched the Digital Age》, Melville House, 2014. 에이다 바이런의 매력적인 삶에 대해 더 자세히 알 수 있는 전기이다.

Monique Frize, 《라우라 바시와 18세기 유럽의 과학 : 이탈리아의 선구적 여교수의 비범한 삶과 역할Laura Bassi and Science in 18th Century Europe : The Extraordinary Life and Role of Italy's Pioneering Female Professor》, Springer, 2013. 18세기 유럽의 여성 학자들의 위치에 관한 흥미로운 배경지식이 담겨 있다.

Sofia Kovalevskaya, Anna Carlotta Leffler, 《소피야 코발렙스카야의 어린 시절 회상, 그리고 카야넬로 공작 부인 안나 카를로타 레플레르가 쓴 코발렙스카야의 전기Sonya Kovalvsky, Her Recollections of Childhood, with a Biography by Anna Carlotta Leffler, Duchess of Cajanello》, The Century Co., 1895. 코발렙스카야 자신의 기억이 서술되어 있고 사이사이에 친구 레플레르의 논평도 나온다. 구글북스에서 읽을 수 있으며, 조금 산만하지만 재미있다.

샤론 맥그레인, 《두뇌, 살아있는 생각 : 노벨상의 장벽을 넘은 여성 과학자들Nobel Prize Women in Science: Their Lives, Struggles, and Momentous Discoveries》, 룩스미아, 2007. 이 책에 실린 여성 과학자 일곱 명을 비롯해 여성 과학자 열네 명에 관해 깊이 있게 서술하고 있다. 그들의 삶을 세심하게 살피고 과학적인 업적을 이해하기 쉽게 설명했다.

Lynn Osen, 《여성 수학자들Women in Mathematics》, MIT Press, 1974. 이 책에 나오는 모든 수학자들의 연구 업적을 설명했고, 다른 수학 연구와의 관계를 논했다.

Leslie Pray, Kira Zhaurova, 〈바버라 매클린톡과 이동성 유전자의 발견Barbara McClintock and the discovery of Jumping genes(transposons)〉, 《Nature Education》 1(1): 169, 2008. 매클린톡의 중요한 실험을 자세히 서술했다.

Susan Quinn, 《마리 퀴리의 삶Marie Curie : A Life》, Simon & Schuster, 1995. 마리 퀴리에 대해 자세히 알고 싶은 독자는 에브 퀴리가 쓴 전기를 포함해 마리 퀴리의 수많은 전기를 참고하면 된다. 이 책은 열정적이고 헌신적인 과학자였던 마리 퀴리의 이야기를 들려준다.

Ruth Lewin Sime, 《리제 마이트너 : 물리학자의 삶Lise Meitner : A Life in Physics》(California Studies in the History of Science), University of California Press, 1996. 충분한 조사를 바탕으로 마이트너가 연구한 과학 문제들을 깊이 있게, 그리고 읽기 쉽게 다루고 있는 책이다.

Ronald K. Smeltzer, Robert J. Ruben, Paulette Rose, 《과학과 의학에 종사한 위대한 여성들 : 400년에 걸친 성취Extraordinary Women in Science and Medicine : Four Centuries of Achievement》, Grolier Club, 2013. 2013년 그롤리어 클럽에서 열린 같은 제목의 전시 도록이다. 이 책을 쓰는 데 많은 영감과 자료를 주었다.

사라진
여성
과학자들

왜 과학은 여성의 업적을 기억하지 않을까?

초판 1쇄 발행 2018년 6월 8일
초판 2쇄 발행 2018년 12월 10일

지은이 펜드리드 노이스
옮긴이 권예리
펴낸이 김한청

편집 김지혜
디자인 한지아
마케팅 최원준, 최지애, 김선근
펴낸곳 도서출판 다른

출판등록 2004년 9월 2일 제2013-000194호
주소 서울시 마포구 동교로27길 3-12 N빌딩 2층
전화 02-3143-6478 팩스 02-3143-6479 이메일 khc15968@hanmail.net
블로그 blog.naver.com/darun_pub 페이스북 /darunpublishers

ISBN 979-11-5633-196-4 43400